主　编　　徐　鉴　孙　溧
副主编　　马　佳　范文涵
参　编　　张康宜　梁越月
　　　　　任　雁　吴康花
　　　　　陈晓冰　赵　勇
　　　　　徐　佳　王雪娟
　　　　　李　慧　王　瑞

软装工程实务

Soft Decoration Engineering Practice

北京理工大学出版社

BEIJING INSTITUTE OF TECHNOLOGY PRESS

内 容 提 要

"软装工程实务"是一门以实训为主，工学结合的专业核心课程。本书主要基于实际工作场景，以企业真实项目引领，结合工作流程，通过项目导向，理论和实践双任务交替循环驱动编写而成，包括软装工程介绍、软装项目洽谈、软装空间分析、软装项目确立、软装设计制作、软装采购造价、软装摆场交验、软装修复与养护、软装案例与学生作品9个工作领域、32个工作任务，由浅入深，递进式地引领学习者在实际操作中发现问题，掌握方法，解决问题。

本书可作为室内设计、环境艺术设计等相关专业的教材，也可作为相关岗位工作人员的参考用书。

图书在版编目（CIP）数据

软装工程实务 / 徐鉴，孙溧主编.－－北京：北京
理工大学出版社，2023.1
　ISBN 978-7-5763-1786-2

　Ⅰ.①软…　Ⅱ.①徐…　②孙…　Ⅲ.①室内装饰设计
Ⅳ.①TU238.2

　中国版本图书馆CIP数据核字（2022）第193823号

出版发行 / 北京理工大学出版社有限责任公司
社　　　址 / 北京市海淀区中关村南大街5号
邮　　　编 / 100081
电　　　话 / （010）68914775（总编室）
　　　　　　（010）82562903（教材售后服务热线）
　　　　　　（010）68944723（其他图书服务热线）
网　　　址 / http://www.bitpress.com.cn
经　　　销 / 全国各地新华书店
印　　　刷 / 河北鑫彩博图印刷有限公司
开　　　本 / 889毫米×1194毫米　1/16
印　　　张 / 11
字　　　数 / 276千字
版　　　次 / 2023年1月第1版　2023年1月第1次印刷
定　　　价 / 89.00元

责任编辑 / 钟　博
文案编辑 / 钟　博
责任校对 / 周瑞红
责任印制 / 王美丽

FOREWORD 前 言

  "软装工程实务"是环境艺术设计、室内设计等专业的必修课程，要求学生具备项目洽谈、空间分析、软装设计制作、采购造价等专业核心能力。鉴于此，编写团队依据室内装饰项目岗位要求，引入企业真实项目，基于工作任务流程重构教材内容，打造软装工程介绍—分析项目空间—设计项目方案—实施软装施工等教学任务驱动模块，将立德树人、以美育人、匠心铸魂、匠心独创等课程思政元素有机融入典型任务。本书实现了做中学、做中教，帮助学生全面领会并掌握室内外软装设计、施工技术，培育学生精益求精的工匠精神及树立文化自信，使学生具备项目管理、专业迁移能力，学习生涯可持续发展能力，成长为具备"信息技术赋能、空间创意设计、传统文化活化"的三维跨界复合型高素质技术技能人才。

  本书由徐鉴、孙溧担任主编，拟定全书体例并负责全书的内容统稿及终审；马佳、范文涵担任副主编，分别负责全书的课程思政融入及行业技术内容审核；张康宜、梁越月、任雁、吴康花、陈晓冰、赵勇、徐佳、王雪娟、李慧、王瑞参编。

  本书所用图片大部分来源于学生仿照的设计案例，还有部分是在教学过程中收集、整理的图片，由于时间仓促，未一一核明出处，在此一并致谢。

  此外，我们要向一直以来关心和支持本书撰写工作的山西紫苹果装饰公司以及白凯、常玉斌等行业企业技术专家表示衷心的感谢。同时，由于编者水平有限，书中不足之处在所难免，恳请使用本书的师生不吝指正，以便进一步完善与提升。

编 者

COURSE
DESCRIPTION **课程介绍**

　　"软装工程实务"是一门以实训为主、工学结合的专业核心课程。本书主要基于实际工作场景，以企业真实项目引领，结合工作流程，通过项目导向，理论和实践双任务交替循环驱动编写而成，分为软装工程介绍、软装项目洽谈、软装空间分析、软装项目确立、软装设计制作、软装采购造价、软装摆场交验、软装修复与养护、软装案例与学生作品九大工作领域、32 个工作任务，由浅入深，递进式地引领学习者在实际操作中发现问题、分析问题、解决问题。

　　——这门课能干什么？能对基础装修完成后的室内空间进行二次装修装饰；能美化室内环境、营造氛围，让居住者感到身心愉悦，在满足物质使用需求的同时满足精神需求；能通过实际项目，让学生将所学到的技能运用到工作中；能在指导学生认识美、发现美、创造美的基础上，培养学生的职业素养、道德观、人格品质。

　　——这门课学什么？软装元素、材质、色彩、风格、元素搭配法则、人机工程学、软装方案设计、软装预算、合同、软装施工、软装展示摆场、交验等。运用到的软件：PowerPoint、Photoshop、3ds Max、SketchUp、酷家乐、美间等。

微课：
课程介绍

　　——这门课怎么学？理论＋实践；项目引领＋任务导向。

　　同时，这门课作为国家级、省级精品课程，有以下创新点。

1. 创新教学内容

　　以实际项目引领，按实际工作流程重构教学内容，充分融入课程思政，课程获省级在线精品课、省级课程思政微课、全国职业院校教师教学能力大赛二等奖，两次获得山西省一等奖。

2. 创新教学模式

创新信息赋能下 TSD 教学模式以及基于微主体的 SCP 双创教育方法，分层递进、因材施教，由室内装饰企业专业人才与学院骨干教师共同组成校企"双导师"进行教学。

3. 创新教学情景

与全国 33 家企业及学生自主创业的 11 个公司深度合作，共探共建智创生态产业学院、虚拟网络智慧创意等 15 个工作室和企业实训基地，营造具有真实感、典型性的教学环境。

4. 创新教学评价

创新"主体重构、场域再造、信息赋能的专创融合"的教学评价模式。

本课程从多维角度进行全案设计，旨在帮助学生掌握软装工程设计与实施所需的知识，掌握实际工作所需的软件及施工操作能力，具备顺利完成工作任务所需的精益求精、以人为本的职业素质。全面提升行业市场竞争力，引领软装设计风向，满足更多生活美学爱好者的专业进阶之路。

乐活人生，挖掘创意思维，体验软装项目设计全流程。

锐意创新，深度浸入教学，构建精彩软装多元生态圈。

软装生活艺术家，用心感受触手可及的精彩！

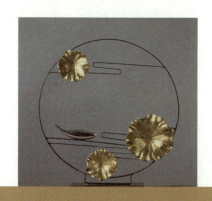

CONTENTS **目 录**

目录 CONTENTS

工作
领域 1

软装工程介绍

知识目标

了解软装的定义及中国软装行业态势，软装所涉及的行业标准、模块化设计和整体流程，软装工程的推广以及软装工程推广的渠道。

能力目标

能够运用相关理论，对课程内容、行业态势有初步认知，对将来的就业方向以及职业生涯打下坚实的基础。

素质目标

全面落实立德树人根本任务，具有积极努力、自信自强的品质，求真务实、爱岗敬业的职业素质，融"人文素养、艺术知识、创新思维、实践能力"为一体，德才兼备，全面发展。

思维导图

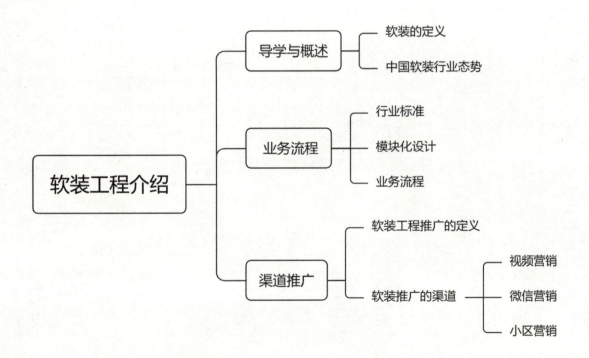

工作任务 1.1
导学与概述

■ 导读

软装——它是将整体环境、空间美学、陈设艺术、生活功能、材质风格、意境体验、个性偏好，甚至传统文化等多种复杂元素的创造性融合的一门学科。

任务目标

了解软装的定义及中国软装行业态势。

知识准备

1.1.1 软装的定义

在多元化、便捷化的现代生活中，人们都希望能在大千世界中凸显自己的个性和品位。生活中的装饰和设计为人们创造优美、舒适的环境——窗帘、纱幔、家具、地毯可以柔和、弱化、重组室内空间的棱角；工艺品的摆放能在不经意间流露出一种生活态度，彰显主人的品位和内涵；色彩、灯光、材质的应用能营造室内氛围，表达主人丰富的情感世界。

微课：
导学与概述

软装就是针对特定的室内空间，根据空间的功能、地理、环境、气候及主人的格调、爱好等各种要素，利用家具、灯饰、布艺、饰品、挂画、壁纸、花艺、绿植等各种软装产品及材料，通过设计、挑选、搭配、加工、安装、陈列等过程来营造空间氛围的一种创意行为。

1.1.2 中国软装行业态势

软装行业于20世纪末在我国兴起，全国33个省会城市、393个地级城市、近3 000个县级城市，软装的年消费能力高达2 000亿～3 000亿元；从2000年至今，全国家居饰品消费量以年均30%以上的速度增长。当下，我国是全球最大的软装制造国，也是全球最大的软装消费市场，中国家装行业市场规模持续增长，年复合增长率高达 12.5%。

2016 年，中国住宅房屋施工面积高达 66.1 亿 m²，竣工面积为 17.1 亿 m²。装饰行业与住宅装修装饰行业完成工程总产值 3.7 万亿元，其中住宅装饰完成工程总产值 1.8 万亿元。2020 年精装交房普及，软装市场份额比 2016 年增长 20% ～ 30%。我国的存量房、新建住宅、二手房交易、旧房改造等需求形成了全球最大面积的待装修市场。

中国软装行业的发展态势主要有以下几点。

（1）精装修房的大热对整个家居行业来说是一个新的考验，或者一个新的发展契机。

（2）家具厂商向软装市场转型。

（3）越来越多追求时尚、品位的业主主动要求设计公司进行软装服务，软装人才供不应求。

任务实施

一、学生小组分配

"学生任务分配表"见附录 1。

二、完成软装元素资料明细表

表 1-1　"导学与概述"软装元素资料明细表

元素类型	数量	资料来源

三、任务总结

_____

_____

_____

"个人自评打分表"见附录 2。

"学生互评打分表"见附录 3。

"小组间互评打分表"见附录 4。

"教师评分表"见附录 5。

工作任务 **1.2**
业务流程

■ **导读**

　　软装流程为：调查客户需求、洽谈软装项目、确立项目主旨、分析项目空间、设计项目方案、采购项目材料、实施软装项目、交验项目产品、修复与养护软装产品。

任务目标

了解软装所涉及的行业标准、模块化设计和整体流程。

知识准备

1.2.1　行业标准

　　软装所涉及的行业标准主要有《室内设计职业技能等级标准》《建筑装饰装修数字化设计职业技能等级标准》《住宅设计规范》（GB 50096—2011），以生产过程标准化、生产过程系统化、生产过程数据精确化、生产过程信息化的设计方式，简化生产过程，避免缺陷，减少浪费，提高效益，真正实现多、快、好、省。

1.2.2　模块化设计

　　宋代《营造法式》称模块化设计为模数建造。"模"的主要含义是法则和规范。"数"则代表了某种计算方法和规律。古希腊数学体系中将"模数"解释为数学计算中的系数。由此或许可以这样理解："模数"代表的是某个理性的参数范围，它代表了一类比较理性的思维方式和设计方式。所谓模块化设计，简单来说就是将设计作品的某些要素组合在一起构成一个具有特定功能的单元，将这个单元作为通用性的模块与其他产品要素进行多种组合，构成新的单元，产生多种不同功能或相同功能、不同性能的系列组合。

　　通用的模块化设计主要涉及三个尺度体系，分别是人体工程学尺度体系、规范参数体系和构造结构参数体系。

1. 人体工程学尺度体系

模块化设计广泛使用的领域，大多与人类活动有着密切的联系。研究模块化设计实际就是在研究人、物、空间三者之间相对和谐的关系。首先应该掌握的基础参数包括身高、肩高、肘高、肩宽、中指尖点上举高、胸厚、坐高、坐姿时肘高、膝高、大腿厚、小腿加足厚、臀膝距、坐深、两肘间宽、坐姿臀宽、踮高、蹲高、蹲距、单腿跪高、跪距。这些都是人体构造本身所决定的固有参数。其次应该关注人体心理、生理机能尺度，如人类的心理尺度范围是 46 ～ 120 cm，如果过于贴近就会有被侵犯个人空间的不适感。坐具的靠背仰角一般有 105°、110°、115°、127° 四个取值，以适应不同生活和工作状态的需要。

2. 规范参数体系

规范参数体系主要考虑的是模块化产品的应用形式及应用领域的相应国家标准和行业规范。设计模块化家具应考虑的是不同种类家具的尺度规范，设计模块化住宅则必然参考《住宅设计规范》（GB 50096—2011）所限定的尺度标准等。

3. 构造结构参数体系

模块化产品的构造方式主要有框架式构造、板式构造、拆装式构造、充气式构造、折叠式构造、薄壁成型、整体浇铸。所谓构造结构参数，主要是指运用"32 mm 系统"对模块进行模数化、标准化的接口设计，以设计出标准化、通用化的零部件，它的核心是零件、板件设计。

家是构筑人们各自生活的容器。模数整装将"模数"浸入居家生活的每一处细节，对家具及空间进行一体化设计。软装聚焦于"人居需求"研发，如促亲情系列（电视柜）、促感情系列（酒柜电视柜）、爱休闲系列（飘窗、爬爬床）、爱学习系列（书柜、榻榻米）、爱干净系列（浴室柜）、美食系列（中西橱柜）、美搭系列（衣柜、玄关柜）、美妆系列（美妆柜）、美家系列（家政柜）。根据用户的实际需求，设计者将风格设计、住商系统、整装产品体系、族群的生活方式等各方面因素，科学、系统地组合成一套整体解决方案。

1.2.3　业务流程

微课：
业务流程

1. 调查客户需求

调查客户需求，首先要从客户及家庭成员的背景资料方面入手，如年龄、喜好、职业、家庭年收入、准备投入的软装设计资金、大概的装修意向和风格、色彩偏好、个性化要求等；其次要结合本地市场现状和实际情况，了解本年度的流行色、流行风格、未来发展趋势等方面的具体情况；最后也是最重要的，即完美体现和设计出符合时代风格，同时契合客户需求的软装方案。

2. 洽谈软装设计

洽谈，顾名思义，先要关系融洽，才能进一步恳谈。洽谈的目的是让软装工程实务落地，要在前期做充分准备，在洽谈过程中运用谈判技巧，同时运用心理学原理，从成单、制作模块清单预算、签订合同三个方面入手，尽量促成软装模块洽谈成功。

3.确立设计主旨

首先要在充分沟通的前提下了解客户的需求，然后通过讲解软装故事、整理备选素材、分空间安置产品三个方面确立模块主旨。

4.分析软装空间

软装空间分析主要由空间现状分析、空间改造建议、使用空间确定三个部分组成，能使软装设计师帮助客户更好地安排软装元素，营造家的氛围。

5.设计软装方案

设计软装方案是软装设计的核心部分，也是软装工程实务的具体载体，更是客户意志与设计师水平相结合的集中体现。它由软装表现、软装方案制作、软装视频汇报三个主要部分组成。

6.收集软装素材

收集软装素材是指收集家具、布艺、收藏品、日常用品、花品、画品、灯、窗帘等不同品牌和价格的软装素材。

7.采购模块材料

从质优价廉产品的购买、软装产品的艺术文化属性、软装的材料与工艺、互联网环境下的采购渠道优选等几个方面进行学习。

8.实施软装模块

实施软装模块包括软装部分施工工艺及验收标准、软装的美学布置、布艺的艺术展示等几个方面。

9.交验模块产品

交验模块产品包括清洁修补、整理验收归档等方面。

10.软装产品修复与养护

软装产品修复与养护包括家具修复养护、木制裂缝修复养护、瓷器坑洞修复养护、皮具家具修复养护等几个方面。

任务实施

一、完成思维导图

用思维导图的形式画出软装流程。

二、任务总结

_____

_____

_____

一、填空题

1. 结合本地市场进行装修时，结合本地市场干什么时？补充完整应该考虑_____、_____、_____。

2. 公装业主分为_____业主和_____业主。

3. 确立项目主旨时，需要从_____、_____、_____、_____四个方面整理备选材料。

4. 设计项目方案由软装表现、_____、_____三个主要部分组成。

5. _____是软装设计的核心部分。

6. 分析软装空间这个环节主要由_____、_____、_____三个部分组成。

二、单选题

1. 以下选项中不属于分析项目空间要素的是（　　）。

　　A. 空间现状分析　　　　B. 量房　　　　　　　C. 空间改造建议　　　D. 使用空间确定

2. 调查业主除要了解其背景资料外，还需要（　　）。

　　A. 了解本地市场现状　　B. 了解年龄　　　　　C. 了解职业　　　　　D. 了解家庭收入

3. 软装工程中，与客户洽谈的最终目的是（　　）。

　　A. 了解客户需求　　　　B. 宣传公司企业文化　　C. 拓宽人脉　　　　　D. 促成签单

4. 空间现状分析、空间改造建议、（　　）、典型空间优秀案例是分析软装空间的四个组成部分。

　　A. 旧房空间改造　　　　B. 使用空间确定　　　　C. 空间功能分区　　　D. 空间造型设计

三、简答题

1. 在与公装业主洽谈项目时，应该注意哪些方面？

2. 软装业务流程有哪些环节？

3. 如何确立软装项目主旨？

4. 调查业主要从哪些方面入手？

5. 交验项目产品应通过哪些环节开展？

"个人自评打分表"见附录2。

"学生互评打分表"见附录3。

"小组间互评打分表"见附录4。

"教师评分表"见附录5。

工作任务 **1.3**
渠道推广

■ 导读

软装工程推广，是指企业为扩大产品市场份额，提高产品销量和知名度，将有关产品或服务的信息传递给目标消费者，激发和强化其购买动机，并促使这种购买动机转化为实际购买行为而采取的一系列措施。

任务目标

了解软装工程推广及软装工程推广的渠道。

知识准备

1.3.1 软装工程推广的定义

软装工程推广是指企业为扩大产品市场份额，提高产品销量和知名度，将有关产品或服务的信息传递给目标消费者，激发和强化其购买动机，并促使这种购买动机转化为实际购买行为而采取的一系列措施。

1.3.2 软装推广的渠道

软装推广的渠道主要有三大类，即视频营销（基于以视频网站为核心的平台，利用精细化的视频内容实现产品营销与品牌的宣传）、微信营销（伴随着微信的火热而兴起的一种网络营销方式）、小区营销（属于接近消费者的一种营销模式）。

微课：
渠道推广

1. 视频营销

（1）创意。创意是创造意识或创新意识的简称，它是指对现实存在事物的理解及认知所衍生出的一种新的抽象思维和行为潜能。视频营销的创意就是一个视频表现形式的创意（如定格动画）。其包括制作角色、场景、道具等，然后用逐格摄影的技术排出若干张照片，最后使之连续放映，从而产生动态的人物或能想象到的任何奇异角色。

创造内容需要有趣，有创意，带有自身识别度，并清晰展示自身品牌定位。这也是在短视频平台上比较容易传播的内容。与时下热点话题、热门内容等结合，可以提升流量。

在贴片广告位呈现广告创意，如在普通视频广告的基础上添加动画、交互按钮、表单等，可通过互动操作提升用户的参与感。

（2）优势。视频营销的成本低。相比传统的广告动辄投入几百万元、上千万元广告费用而言，视频营销需要几千元就可以了。只要有一个好创意、几个员工，就可以做一个好的短片，免费放到视频网站上进行传播。

视频营销的形式是多样的，视频营销将文字、图片、声音三者立体地展现出来，形成形式多样的视频，这种立体形式效果对人的感官冲击力不是图文广告所能比拟的。

（3）发布渠道。

①短视频渠道。短视频渠道粉丝的多少对播放量影响比较大，如秒拍、抖音、快手等 App 的使用。

②社交平台。社交平台渠道的传播性比较强，如 QQ 空间、微博、微信等。

2. 微信营销

微信营销是网络经济时代企业或个人营销模式的一种，是伴随着微信的火热而兴起的一种网络营销方式。

（1）优势。

①营销成本低。微信的使用是免费的，而且在使用过程中只会收取很少的流量费用，因此，通过微信开展营销活动的成本自然是非常低的。

②营销方式多元化。普通的公众账号可以推送文字、图片、语言等内容，能推送更加漂亮的图文信息，尤其是语音和视频，可以拉近和用户的距离，让营销活动变得更加生动有趣，更有利于营销活动的开展。

③营销信息到达率高。微信公众平台是以推送通知的形式发送信息的，因此，所发布的每一条信息都会送达用户，到达率可以说是百分之百。

（2）注意事项。微信推广的主战场是公众号和朋友圈，公众号一定要坚持写、坚持发，内容主题围绕产品知识，给客户传递"干货"价值，以获得客户的认可。

坚持及时更新朋友圈，每天发 3 条左右即可，分别是产品知识 1 条、个人生活 1～2 条、成功励志语录 0～1 条。

3. 小区营销

小区营销是最接近消费者的一种营销模式，相较其他营销模式，小区营销目标定位准确、灵活性高、贴近大众生活。只要活动组织到位，就会收到不错的效果。小区营销包括售前、售中、售后三个阶段。

（1）第一个阶段：售前。售前工作是最有价值的工作，就像上战场前一定要准备好武器一样重要。售前准备工作，首先是调查摸底，进行规划，然后确定目标小区，并对一些小区进行调查与规划，包括时间、路线、联系人的提前安排与规划等。

（2）第二个阶段：售中。

①信任的建立。信任是合作的基础，因此第一印象非常重要。个人的衣着打扮、言谈举止，名片，公司介绍和方案等决定了个人与公司在客户心目中是否会形成深刻的、长久的印象。

②小区关系的初步建立和跟进。先与推广小区的物业管理公司或售楼处建立好关系，最好一周拜访1～2次，让客户觉得自己被重视，从而主动配合公司的宣传、推广工作，向客户推荐公司产品，并为其他宣传、推广工作提供方便。

（3）第三个阶段：售后。售后是总结经验教训，以提高自己的工作能力。

任务实施

一、根据业主实际项目下达任务

二、学生小组分配

"学生任务分配表"见附录1。

三、完成拍摄脚本的编写

编写软装装饰画元素推广小视频的脚本。

四、完成拍摄任务

拍摄一个关于软装装饰画元素推广的小视频，时长为1分30秒。

学习检测

一、填空题

1. 视频营销的内容有电视广告、_____、_____、_____。

2. 微信推广的主战场是_____、_____。

3. 视频营销是基于以视频网站为核心的平台，利用精细化的视频内容实现_____、_____的宣传。

4. 最接近消费者的营销模式是_____。

5. _____是能比较精准地找到企业想要找的消费者，这是它与传统营销方式最大的区别。

6. 小区营销包括_____、_____、_____三个阶段。

二、单选题

1. 在微信推广方式中，坚持每天更新朋友圈，每天发（　　）条左右即可。

    A. 1   B. 2   C. 3   D. 4

2.进行小区关系的初步建立和跟进时，先与推广小区的物业管理公司或者售楼处建立好关系，最好一周拜访（　　），让客户觉得自己被重视。

    A.1～2次　　　　　　B.2～3次　　　　　　C.3～4次　　　　　　D.4次以上

3.营销目标定位准确、灵活性高、贴近大众生活，只要活动组织到位，就会收到不错的效果，指的是（　　）。

    A.小区营销　　　　　　B.视频营销　　　　　　C.微信营销　　　　　　D.网络营销

4.营销信息到达率高的营销形式是（　　）。

    A.小区营销　　　　　　B.视频营销　　　　　　C.微信营销　　　　　　D.网络营销

5.下列不属于软装推广渠道的是（　　）。

    A.视频营销　　　　　　B.广播营销　　　　　　C.微信营销　　　　　　D.小区营销

三、简答题

1.软装推广的主要内容有哪些？

2.什么是软装工程推广？

3.如何做好小区营销？

4.微信营销有哪些注意事项？

5.小区调查的主要内容有什么？

学习评价

"个人自评打分表"见附录2。

"学生互评打分表"见附录3。

"小组间互评打分表"见附录4。

"教师评分表"见附录5。

工作
领域 2

软装项目洽谈

知识目标

了解软装项目洽谈的常见工作流程。

能力目标

能够运用相关理论，进行客户接待、公司产品介绍、展厅介绍和项目谈单。

素质目标

培养职业道德、职业精神和职业素养。

思维导图

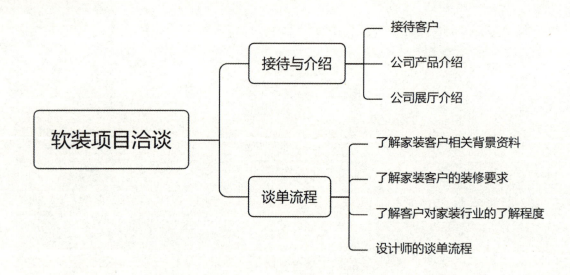

工作任务 **2.1**
接待与介绍

■ **导读**

　　当两个人在面对面交流时，除谈话的内容外，还有一些其他信息也在不经意间被传递出来，心理学家将这种通过与语言无关的途径传递信息的方式称为非语言沟通。

任务目标

解决三个问题，分别是如何接待客户、如何做公司产品介绍、如何进行公司展厅介绍。

知识准备

2.1.1　接待客户

　　家装设计师在谈单的过程中，言行举止直接影响客户的体验度，而这个体验度也关系到客户对公司的评价。沟通是一项活动，本意是指开沟使雨水相通，后被泛指两方连通（专业名词）。在与别人交流和沟通时，人们通常会将注意力放在说话的内容上，但是，沟通是一件非常复杂的事情。

微课：
接待与介绍

　　例如，家装设计师在给客户介绍公司的产品或项目时，客户会先判断对方的话是否可信。判断的依据一方面来自对方讲话的内容（逻辑是否合理严谨）；另一方面来自对方说话的方式，这也会影响客户的判断。如果在表达的时候语气很坚定，神情自若，很自信，那么客户会很容易相信；相反，如果说话的音量很小，眼神飘忽不定，语气犹豫，客户就会心生怀疑。

2.1.2　公司产品介绍

　　当与客户初次见面或接触时，除个人的形象外，公司产品介绍就是对外沟通的最好桥梁。好的公司产品介绍有助于公司对内对外的宣传，也有助于客户对公司有一个初步的了解和认知，加深客户对公司的第一印象。

从公司定位来说，通过其产品及品牌，基于客户需求，将其独特的个性、文化和良好形象塑造于消费者心目中，并占据一定地位。

从公司成绩来说，用最直观的公司荣誉让客户了解公司在设计行业的权威性和影响力。要让客户了解公司在业界有着优越的信誉度和影响力，在业界具有独特之处。这是与客户建立的最重要的一层信任关系。

从公司理念来说，客户之所以选择这家公司，一定是这家公司具有深入人心的企业理念。优秀的企业理念不仅对员工具有强大的吸引力，而且对于合作伙伴如客户、供应商、消费者及社会大众都有强大的吸引力。

2.1.3　公司展厅介绍

在与客户面谈时，如何将公司的各个方面直观地介绍给客户，让客户有更深刻的认识呢？公司展厅介绍是最可行、最有效的办法。

从公司背景来说，公司展厅介绍包含公司性质、公司规模、荣誉成就三个部分——公司的性质是什么，是国企还是私企，是上市公司还是连锁公司；公司的规模如何，注册资本是多少，员工人数是多少，这关系着公司的经营是否稳定；公司所获得的荣誉和奖项有哪些，在业界的排名如何，在客户进入展厅后，这部分介绍是最权威，也是最有说服力的。

从公司优势来说，可以从三个方面进行介绍：专业团队，名企合作，这是公司做好服务的基本前提和实力保障；品类齐全，一站式配套服务，真正满足客户拎包入住的希望；科技创新，引领先锋，将云计算、大数据、移动应用等先进科技融入装修过程，实现个性化定制，多项目同时开工，更好地为整个设计流程提供便利，提高效率。

从案例展示来说，首先可以根据客户的从众心理，在为客户介绍案例时可对公司设计的知名案例、获奖案例进行重点介绍，增加客户对公司的认可度；其次根据大数据所获得的时下经典户型的布局和风格设计，为客户提供最直观的设计思路；最后进行样板间展示，让客户了解公司在设计成果和建材选取上的细致严谨，通过宣传、推广进行精细化营销。

任务实施

自拟一份关于软装公司产品介绍的文案，以电子版的形式提交至线上平台。

学习检测

一、填空题

1. 当两个人在面对面交流时，除谈话的内容外，还有一些其他的信息也在不经意间被传递出来，心理学家将这种通过与语言无关的途径传递信息的方式称为_____。

2. 公司展厅介绍的主要形式可分为_____、_____、_____。

3. 向客户介绍公司优势时可以从_____、_____、_____三个方面介绍。

4. 设计师在谈单的过程中，其_____、_____、_____、_____等非语言沟通形式直接关系到客户的体验度，影响客户对公司的总体评价，更是谈单成功的基本保障。

5. 在商务活动中，握手时_____先伸手。

6. 从公司背景来说，公司展厅介绍包含_____、_____、_____三个部分。

二、单选题

1. 引导客户进入办公室，向内开门时应先（　　　　）。

    A. 倒水　　　　　　　　B. 直接进入　　　　　C. 敲门　　　　　　D. 发资料

2. 在商务交往中，使用称呼应该（　　　　）。

    A. 就高不就低　　　　　B. 适中　　　　　　　C. 就低不就高　　　D. 以上都不对

3. 在握手礼仪中，迎接客户时应该（　　　　）。

    A. 客户先伸手　　　　　B. 客户助理先伸手　　C. 下级先伸手　　　D. 主人先伸手

4. 在商务交往过程中，称谓应（　　　　）。

    A. 跟随自身习惯　　　　　　　　　　　　　B. 不用注意场合

    C. 合乎常规、场合、身份、习惯　　　　　D. 以上都不对

5. 关于坐姿的表述，下列不正确的是（　　　　）。

    A. 男性可以跷腿，并轻微晃动　　　　　　B. 女性必须并拢双腿

    C. 应坐在椅子 1/3 ～ 2/3 处　　　　　　D. 女性入座时应抚裙

三、简答题

1. 接待人员站立的要求是什么？

2. 捡拾掉落的文件时，女性的正确蹲姿是什么？

3. 非语言沟通的方式有哪些？

4. 当与客户初次见面或面谈时，除注意个人的仪容、仪表、仪态等外在形象外，怎样做才能将公司的特色优势有针对性地介绍给客户，以达到顺利成单的目的？

5. 通常如何介绍公司？

学习评价

"个人自评打分表"见附录2。

"学生互评打分表"见附录3。

"小组间互评打分表"见附录4。

"教师评分表"见附录5。

工作任务 **2.2**
谈单流程

▎导读

　　无论是软装设计师、硬装设计师还是艺术家都会遇到一个很大的难题，那就是如何对客户的需求进行分析。房子是生活的一部分，设计房子就是设计生活。作为设计师，要读懂生活、读懂客户的需求，为别人创造出更新、更好的生活。

任务目标

了解谈单流程。

知识准备

2.2.1　了解家装客户相关背景资料

1. 了解家庭因素

（1）家庭结构形态：包括人口、数量、性别与年龄结构、居住形态与要求。

（2）家庭文化背景：包括籍贯、教育、信仰、职业等。

（3）家庭性格类型：包括家庭的共同性格和家庭成员的个别性格，对于偏爱、特长与缺憾等需要特别注意。

（4）家庭经济条件：属于高收入还是中、低收入。

（5）家庭希望的未来的生活方式。

微课：
谈单流程

2. 了解住宅条件

　　了解客户的小区属于新建还是旧有，小区位置和周边地理环境如何；了解客户的基本家庭成员；了解客户的基本意向、背景、喜好；做好造价分析，确定风格要素。

2.2.2　了解家装客户的装修要求

（1）客户喜欢或想选择的家装设计的风格。

（2）客户的装修标准，包括经济型、普通型、豪华型、特豪华型。

（3）客户家庭装饰的内容。

（4）客户想选择的主要装饰材料。

（5）客户喜欢的装饰色彩与色调。

（6）客户对装饰照明的要求。

（7）客户对功能改善或完善的要求。

（8）客户对家装投资的大概预算或相关想法。

2.2.3　了解客户对家装行业的了解程度

（1）客户所去过的公司。

（2）客户所知道的各公司的特点。

（3）客户对本公司的认知程度。

（4）客户对公司的要求。

2.2.4　设计师的谈单流程

（1）问候客户，请客户入座，邀请客户翻看画册，为客户倒水，最后自己落座。

（2）向客户简单介绍公司及相关人员的资历，简单介绍客户所翻画册。

（3）客户经理介绍设计师给客户，设计师做自我介绍并开始谈单。

（4）了解客户房子的情况，具体到房子的位置、面积、户型等，客户如没有带户型图，由客户自画或设计师根据客户的叙述画出大概的户型图；询问客户家有几口人，是否有老人和孩子，房子所在的楼层是多少，并引导客户陈述自己的需要；根据户型图大概画出客户需要做的工程项目（包括房间的具体名称）。注意不要跟客户谈论具体方案，避免走极端，可结合手册进行讲解。

（5）根据客户的想法，在经过快速整理加工后谈自己的看法。首先谈房间必要的区域划分，所做项目的形式（应考虑的工艺、材料）及预期的效果；然后介绍空间如何进行分割，色彩如何搭配，灯光如何运用，并加入家居及人体工程学的知识，使设计方案成为一个流畅的整体并符合客户的使用原则（可结合样册进行方案讲解）。

（6）待方案基本完成后，客户会提出价格问题（含糊），设计师也应用含糊的语术回答，如与客户想象相差太多可以进行讲解，先以工程报价的方式进行评价及对比（"大包"、代购主材基础工程、自购主材基础工程），说出各项的优劣，并说明公司所做的项目包括什么内容，包括何种主材，采取什么方式购买，如客户仍对公司基础报价部分提出异议，则可从材料（真假对比）、工艺（优劣对比）、现场管理（有无对比）、工程监管（有无对比）、全程服务（前、中、后三个方面简介）等方面，结合工程表格、材料单、样品进行讲解。

（7）如客户还不理解，可采用类比法进行讲解（以房地产、电器、汽车、服装、化妆品、食品等行业进行举例说明），引导客户明白其中的真正差异。

（8）如客户问到公司的利润，明确告诉客户公司的利润点（如 5% ～ 8%），并强调只有在达到盈亏平衡点的基础上才能有此利润点，否则公司会赔钱，应从管理内容方面说服客户。

（9）上述工作完成后，需要让客户填表登记，声明客户如有时间，设计师可以去量房（向客户说明量房时会收取一定的量房定金，同时解释量房定金是对设计师的一种督促，可使之尽心完成工作）。

任务实施

一、拍摄视频

两人为一组，策划一个谈单流程，并且拍摄成一个 10 分钟左右的视频。

二、任务总结

_____

_____

_____

学习检测

一、填空题

1. 了解客户的住宅条件包括_____、_____。
2. 在谈单流程中需要了解客户的_____、_____、_____、_____。
3. 客户信息分析包括_____、_____、_____。
4. 对客户住宅条件的了解包括_____、_____、_____、_____。
5. 客户的装修标准包括_____、_____、_____。

二、单选题

1. 在软装项目谈单流程中，第一步是（　　）。
   A. 自我介绍　　　　　　B. 量房　　　　　　C. 画图纸　　　　　　D. 签合同
2. 别墅成单最重要的技巧是（　　）。
   A. 细分目标市场　　　　　　　　　　B. 进行充分的客户拜访准备
   C. 为客户创造价值　　　　　　　　　D. 关注竞争对手
3. 设计师最主要应该了解客户的（　　）。
   A. 家庭人口数量　　　B. 设计风格　　　C. 家庭人员性格　　　D. 家庭文化背景
4. 家装客户的装修要求中最主要的是（　　）。
   A. 色彩　　　　　　　　B. 装饰材料　　　　　　C. 照明　　　　　　D. 预算

5. 快速签单的方式是（　　　　）。

    A. 没有时间观念　　　　　B. 抓住客户心理　　　　　C. 不清楚流程　　　　　D. 经多人之手

三、简答题

1. 简述五步谈单流程。

2. 简述谈单过程中需要了解的客户的家庭因素。

3. 谈单过程中需要了解的客户的家庭性格类型有哪些？

4. 如何成单？

5. 简述谈单过程中的提问技巧。

学习评价

"个人自评打分表"见附录 2。

"学生互评打分表"见附录 3。

"小组间互评打分表"见附录 4。

"教师评分表"见附录 5。

工作
领域 3

软装空间分析

了解软装空间分析的常见角度，了解技术与艺术相融合的常见案例。

能力目标

能够运用相关理论，从功能、流线、技术与艺术结合等角度对常见的软装空间进行分析，提出空间改造建议，并将技术与艺术融合，自然地融入空间的重塑。

素质目标

培养分析能力和创新思维，增强实践意识，发挥主体性。

思维导图

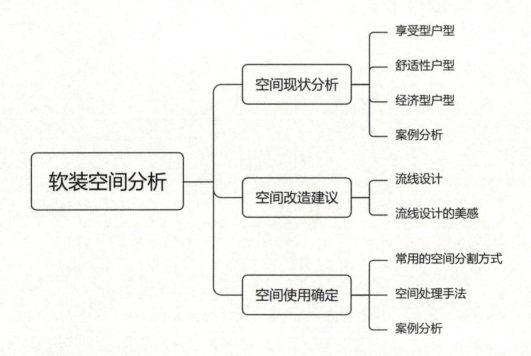

工作任务 **3.1**
空间现状分析

■ **导读**

　　随着房价的飙升和人们对精神生活的追求，空间功能需求被排在首位。家的样子，就是主人希望的样子。根据空间功能的需求，目前市场上的主流高层住宅户型主要可分为享受型、舒适型、经济型三大类。

任务目标

以功能为主线，从关系、户型、空间指标三个方面来了解空间分析。

知识准备

　　开展设计工作之前，应该先明确功能、房间与户型之间的关系。随着经济的发展，更多的商品房及各类公共建筑涌入人们的视野。每套商品房都是由各种不同功能的房间组成的，每种房间的开间、进深均有合理的尺寸，而每种房间尺寸合理是户型设计达到不同户型要求的基本保证。这就是三者之间的必然联系，缺一不可。

微课：
空间现状分析

　　根据空间功能的需求，目前市场上的主流高层户型主要可分为享受型、舒适型、经济型三大类（表3-1）。

表 3-1　目前市场上的主流高层住宅户型

户型分类	户型	面积 /m²
经济型	一房一厅一卫	35 ~ 45

户型分类	户型	面积 /m²
经济型	二房一厅一卫	55 ～ 75
	三房二厅一卫	75 ～ 95
	四房两厅两卫	110 ～ 120
舒适型	二房二厅一卫	85 ～ 95
	三房二厅二卫	120 ～ 130
	四房二厅二卫	140 ～ 160
享受型	三房二厅一工三卫	150 ～ 180
	四房二厅一工三卫	180 ～ 200
	五房二厅一工三卫	220 ～ 240

这三大类空间在户型设计时需要考虑不同的细节，以达到不同的效果。

3.1.1 享受型户型

对于享受型户型，一般对居中空间进行规划设计，使客户产生愉悦、美好的体验与感觉，在物质上或精神上得到满足。通过课件，可以看到享受型户型的功能分区涉及范围较广，有入门区、会客区、餐厨区、家政区、家庭区、次卧区、主卧区、阳台、书房等区域（表3-2、表3-3），面面俱到。

表 3-2　享受型户型各功能房间指标（套内面积）　　　　　　　　　　　　m²

区域	户型性能标准	150 ～ 180 m²（三房）	180 ～ 200 m²（四房）	220 ～ 240 m²（五房）
公共区域	玄关	5	5 ～ 10	5 ～ 10
	客厅	30 ～ 40	30 ～ 40	30 ～ 40
	餐厅	16 ～ 20	16 ～ 20	16 ～ 20
	厨房	8 ～ 10	8 ～ 10	8 ～ 10
	保姆房	5 ～ 7	5 ～ 7	5 ～ 7
	卫生间（合计）	4 ～ 8	8 ～ 10	8 ～ 10
过渡区域	家庭厅	10 ～ 12	12 ～ 16	12 ～ 16
	书房	5 ～ 7	10 ～ 12	10 ～ 12
私密区域	其他卧室	—	—	12 ～ 14
	小卧室	12 ～ 14	12 ～ 14	12 ～ 14
	次卧室	14 ～ 16	14 ～ 16	14 ～ 16

区域	户型性能标准	150～180 m² (三房)	180～200 m² (四房)	220～240 m² (五房)
私密区域	主卧室	16～20	16～20	16～20
	主卫	6～8	6～8	6～8
	衣帽间	4～6	4～8	4～8

表 3-3　享受型户型各功能房间建议面积

区域	户型性能标准	面积 /m²	开间 /m	进深 /m
公共区域	玄关	5		净宽 ≥1.2
	客厅	≥30	≥4.8	实墙利用 ≥5.7
	餐厅	≥16		≥3.6
	厨房	≥8		净宽 ≥1.8
	保姆房	≥5		
	卫生间	≥4		
	生活阳台	—		≥1.5
	景观阳台	—		≥1.8
过渡区域	书房	≥7		
	家庭厅	≥12	≥3.6	≥3.6
私密区域	小卧室	≥12	≥3.3	≥3.9
	次卧室	≥14	≥3.6	≥3.9
	主卧室	≥16	≥4.2 (3.6)	≥4.2 (4.8)
	主卫	≥6		
	衣帽间	≥4		

享受型户型各功能房间指标不同。以客厅为例，享受型户型的客厅在尺寸上相对舒适型和经济型来说有所不同。

（1）小户型摆放：U 形摆放，沙发尺寸为 3 800～5 000 mm，客厅实墙利用尺寸在 5 700 mm 以上。

（2）大户型摆放：开间净尺寸在 4 500 mm 以上，保证电视到沙发之间视距在 4 200 mm 以上，可享受 55 英寸及以上电视带来的视觉感受。

3.1.2　舒适型户型

舒适型户型的空间划分主要有入门区、会客区、餐厨区、次卧区、主卧区、卫生间、阳台、书房等区域。

舒适型户型的公共区域功能空间组成与经济型户型相同，只是在尺寸上有所差别。对于过渡区域的规划，舒适型户型需要不大，涉及的较少。对于私密区域的规划，舒适型户型也是根据实际功能需求只保留主卧区和次卧区两个区域（表3-4、表3-5）。

表3-4　舒适型户型功能房间指标（套内面积） m²

区域	户型性能标准	85～95 m²（两房）	120～130 m²（三房）	140～160 m²（四房）
公共区域	玄关	3～5	3～5	3～5
	客厅	20～25	20～30	20～30
	餐厅	12	12～16	12～16
	厨房	6～8	6～8	6～8
	卫生间	4～6	4～6	4～6
过渡区域	书房	—	—	9～10
私密区域	小卧室	—	10～12	10～12
	次卧室	12～14	12～14	12～14
	主卧室	14～16	14～16	14～20
	主卫	—	4～6	6～8
	衣帽间	—	4～6	4～6

表3-5　舒适型户型各功能房间建议面积

区域	户型性能标准	面积 /m²	开间 /m	进深 /m
公共区域	玄关	3～5		净宽≥1.2
	客厅	≥20	≥3.9	实墙利用≥4.5
	餐厅	≥12	—	实墙利用≥3.3
	厨房	≥6		净宽≥1.5
	卫生间	单卫≥4，双卫≥3		
	生活阳台	—		≥1.3
	景观阳台	—		≥1.8
过渡区域	书房	≥7		
私密区域	小卧室	≥10	≥3.3	≥3.9
	次卧室	≥12	≥3.6	≥3.9
	主卧室	≥14	≥4.2（3.6）	≥4.2（4.8）
	主卫	≥4		
	衣帽间	≥4		

3.1.3 经济型户型

经济型户型主要有入门区、会客区、餐厨区、卫生间、阳台、书房、次卧区、主卧区等区域（图 3-1、表 3-6、表 3-7）。受面积的制约，经济型户型只保留了一些基本的功能空间，而且追求在有限的空间内将功能发挥到最大化。

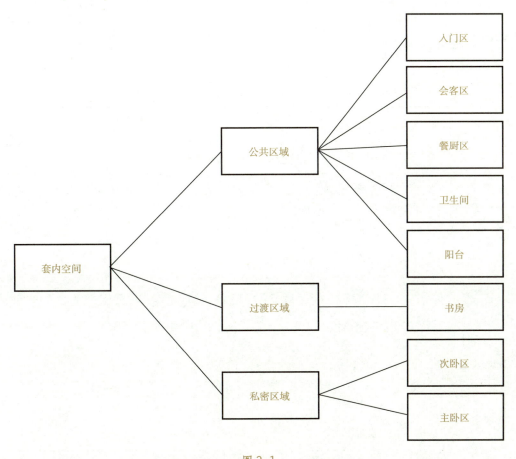

图 3-1

表 3-6 经济型户型各功能房间指标（套内面积） m²

区域	户型性能标准	55～75 m²（两房）	75～95 m²（三房）	110～120 m²（四房）
公共区域	玄关	—	—	2～3
	客厅	10～20	10～20	10～20
	餐厅	6～12	6～12	12～16
	厨房	5	5～8	6～8
	卫生间	3～5	3～5	3～5
过渡区域	书房	—	7～10	9～10

区域	户型性能标准	55～75 m² (两房)	75～95 m² (三房)	110～120 m² (四房)
私密区域	小卧室	—	—	9～10
	次卧室	9～10	9～10	10～12
	主卧室	10～12	10～12	12～14
	主卫	—	4	4

表 3-7　经济型户型功能房间建议面积

区域	户型性能标准	面积 /m²	开间 /m	进深 /m
公共区域	玄关	2		净宽≥1.2
	客厅	≥10	≥3.3	实墙利用≥3
公共区域	餐厅	≥6	—	实墙利用≥3
	厨房	≥5		净宽≥1.5
	卫生间	≥3		
	生活阳台	—		≥1.3
	景观阳台	—		≥1.5
过渡区域	书房	≥5		
私密区域	小卧室	≥7	≥3.3	≥3.9
	次卧室	≥7	≥3.6	≥3.9
	主卧室	≥10	≥4.2 (3.6)	≥4.2 (4.8)

3.1.4　案例分析

以厨房为例，享受型户型设有 U 形厨房系列（提供最大贮存空间和操作台面）、半岛形厨房系列（使厨房与餐厅部分自然过渡，伸出的台面可以用作早餐吧台）、岛形厨房系列。由于空间面积大，所以有多种形式可供选择。

（1）舒适型户型：整个功能分区分为两侧二字形排列，利用两边墙面进行布局，操作中减少来回走动，收纳空间相对较大（图 3-2）。

图 3-2

（2）经济型户型：受尺寸影响，常选用一线式厨房类型，最适用狭长的房间，占用面积较小，达到经济、美观的理想效果（图 3-3）。

图 3-3

任务实施

一、小组讨论

根据本工作任务所学知识点，从入门区、起居室、餐厨区、卫生间、阳台、书房、次卧区、主卧区等区域任选一个空间，设计享受型、舒适型、经济型三种户型并进行比较，做一个介绍PPT。

二、任务总结

一、填空题

1. 在买房及装修的过程中客户关注的不仅是楼盘、地段，还涉及个人的_____。

2. 对于舒适型户型，_____要求不多，适合自己的就是最舒适的。

3. 城市土地的自然供给是自然界可提供的天然可利用的土地，它是_____，因此是刚性的。

4. 房地产经济宏观调控的首要目标是实现_____。

5. 非住宅建筑按其用途大致包括生产用房、_____用房、_____用房和其他专业用房。

6. 根据空间功能的需求，目前市场上的主流高层住宅户型主要分为_____、_____、_____三大类。

二、单选题

1. 进行市场预判时，客户层面的要求有（　　　　）。
   A. 低价是需求核心 　　　　　　　　　　B. 城市土地价格走高
   C. 大户型、叠加、花园洋房等产品的日益完善　　D. 购买力不足

2. 面积不足（　　　　）m^2 的住宅可以称为小户型。
   A. 80 　　　　　　B. 90 　　　　　　C. 85 　　　　　　D. 100

3. 住宅的生活资料功能主要体现为生存需要和（　　　　）。
   A. 社交需要 　　　　B. 享受需要 　　　　C. 投资需要 　　　　D. 交易需要

4. 小型别墅单套面积控制在（　　　　）m^2。
   A. 140 　　　　　　B. 160 　　　　　　C. 150 　　　　　　D. 130

5. 经济型户型多选用（　　　　）风格。
   A. 现代简约 　　　　B. 东南亚 　　　　C. 欧式古典 　　　　D. 法式

三、简答题

1. 什么是空间现状分析？

2. 简述住宅消费的主要特点。

3. 享受型户型、舒适型户型、经济型户型软装分别选用哪些设计风格？

4. 房地产经济宏观调控的首要目标是什么？

5. 小户型房屋设计的注意事项有哪些？

学习评价

"个人自评打分表"见附录2。
"学生互评打分表"见附录3。
"小组间互评打分表"见附录4。
"教师评分表"见附录5。

---

① 注：本书学习检测中的部分习题并不能在书中直接找到答案，学生应在扩展学习和实训中扩大知识面，寻找相关答案，学习相关知识。

工作任务 **3.2**
空间改造建议

■ 导读

　　流线设计，即根据人的行为方式把一定的空间组织起来，通过分割空间达到划分不同功能区域的目的。

任务目标

从流线设计和流线设计的美感这两个角度来介绍空间改造建议。

知识准备

在三维立体世界，居住空间就是人们用以安顿身心的场所，而室内家居空间，除物理上的作用外，主要作用还是满足客户在精神层面的需求。

3.2.1　流线设计

　　流线设计是指根据人的行为方式把一定的空间组织起来，通过分割空间达到划分不同功能区域的目的。

　　一般来说，居室中的流线可划分为家务流线、家人流线和访客流线。三条流线不能交叉，这是流线设计的基本原则。

　　（1）家务流线。家务流线取决于储藏柜、冰箱、水槽、炉具的顺序。将储存、清洗、料理这三道程序进行合理安排，就不会有无效往返、手忙脚乱的现象出现。

　　（2）家人流线。家人流线主要针对卧室、卫生间、书房等私密性较强的空间。在设计时要充分满足客户的生活情调和生活习惯，如在主卧中设计主卫，就是符合家人流线对私密性要求的设计。

微课：
空间改造建议

（3）访客流线。访客流线主要是指由入口进入客厅区域的行动路线。为了避免在客人拜访的时候影响家人休息或工作，访客流线不应与家人流线和家务流线交叉，形成合理的动静分区。

在流线设计梳理清晰之后，如何安置才能提升空间美感呢？其设计有什么秘诀吗？秘诀是要在确立空间属性和确定空间产品元素的基础上，根据人在房间活动的动线进行空间产品安置。

3.2.2　流线设计的美感

每一个空间的组织，都要考虑主要流线方向的空间处理及次要流线方向的空间处理。

在空间规划设计中，各种流线的组织是很重要的。流线组织的好坏直接影响各空间的使用质量。因此，在组织流线时，应考虑以下几个方面因素。

（1）流线的导向性。流线的导向性是指不需要路标或导向牌，只需要通过空间语言就可以明确地传递路线信息。

（2）序列布局类型的选择。序列布局类型的选择是由空间的性质、规模和建筑环境等因素决定的。序列布局的形式一般有对称式、不对称式、规则式和自由式。

（3）序列中心的选择。在整体空间中，通常可以找出具有代表性的、能反映该空间性质特征和集中精华的主体空间，作为整个空间的"C位"。

任务实施

一、完成设计草图

以厨房空间为基础，设计流畅的家务流线，并将设计草图拍照上传至平台。

二、任务总结

_____

_____

_____

一、填空题

1. 在有限空间作业时，应在有限空间外设置_____，有限空间出入口应保持畅通。

2. 软装的安置需要结合_____进行规划。

3. 在组织动线时，要考虑功能就近、公私分区、_____。

4. 一般来说，根据日常活动范围，居室中的流线可划分为家务流线、_____、访客流线。

5. 建立、健全有限空间作业安全生产责任制，明确有限空间作业负责人、_____、监护者职责。

二、单选题

1.（　　）是点移动的轨迹。

    A.线　　　　　　　　　　B.面　　　　　　　　　　C.点　　　　　　　　　　D.形

2.空间改造应注意（　　）。

    A.户型改造的合理性问题　　　　　　　　　　B.采光问题

    C.安全问题　　　　　　　　　　　　　　　　D.承重墙问题

3.（　　）具有男性的特征，刚直挺拔，力度感较强。

    A.点　　　　　　　　　　B.直线　　　　　　　　　　C.曲线　　　　　　　　　　D.斜线

4.我国旧楼改造的现状是（　　）。

    A.交通问题突出　　　　　　　　　　　　　　B.居住空间、厨卫空间不够

    C.水电问题突出　　　　　　　　　　　　　　D.绿化环境不好

5.（　　）具有较强的方向性和强烈的动感特征，使空间产生速度感和上升感。

    A.垂直线　　　　　　　　B.水平线　　　　　　　　C.曲线　　　　　　　　D.斜线

三、简答题

1.按日常生活的活动范围，流线分为哪三个类型？

2.空间的三种改造方法是什么？

3.空间改造需要注意哪些细节？

4.有限空间作业人员的职责是什么？

5.对于小户型住宅如何进行充分的空间改造？

6.在组织流线时应考虑哪几个方面？

学习评价

"个人自评打分表"见附录2。

"学生互评打分表"见附录3。

"小组间互评打分表"见附录4。

"教师评分表"见附录5。

工作任务 **3.3**
空间使用确定

| 导读

　　空间是由长度、宽度、高度、大小表现出来的，通常是指四方（方向）上下。空间是一个相对概念，构成了事物的抽象概念，事物的抽象概念是参照于空间存在的。

任务目标

将技术与艺术相融合，并自然地融入空间的重塑。

知识准备

3.3.1　常用的空间分割方式

　　空间是由长度、宽度、高度、大小表现出来的，通常是指四方（方向）上下。空间是一个相对概念，构成了事物的抽象概念，事物的抽象概念是参照于空间存在的。人类界定空间的方式是分割，分割是设计师惯用的设计手法，就平面而言，大致可分为等形分割、等量分割、自由分割三类。

微课：
空间使用确定

1. 等形分割

等形分割整体严谨，在比例和形体上较为统一（图 3-4）。

2. 等量分割

等量分割相对自由，在比例一致的条件下，形体上可以自由改变（图 3-5）。

3. 自由分割

自由分割以灵活自由为特征，形体和比例没有限制（图 3-6）。

A 栋楼层平面图

图 3-4

图 3-5

图 3-6

3.3.2　空间处理手法

仅对空间进行三种形式的分割还不够，横平竖直的分割并不能带来好的空间体验。设计师需要根据视觉感官来对空间做出相应的分割处理，使空间更为舒适。

（1）透景。透景是指对部分的分割界面做局部的拆除处理，使空间更为灵动，且充满趣味性（图 3-7）。

（2）借景。借景是透景的一种延伸，区别在于借景仅在视觉上产生效果，对于声音和空气做了分隔（图3-8）。

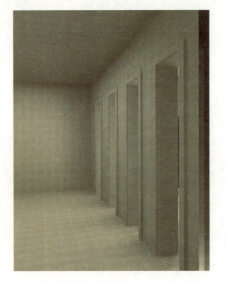

图 3-7

图 3-8

（3）假借景。假借景在视觉上可以做到极大的延伸，常用于空间狭小或需要趣味空间的场合（图3-9）。

（4）凹凸。空间中的凹凸可以极大地凸显和强调设计所要突出的重点（图3-10）。

图 3-9

图 3-10

（5）错位。错位在空间处理时会显得极其出色。合理地利用空间是错位的核心（图3-11）。

（6）通透。通透是对空间的一种反向处理，是指在原有的分割界面上，做全面拆除或部分去除（图3-12）。

（7）高差。高差是指通过对地面或顶面进行抬高或降低的处理，使空间产生层次感和主次感（图3-13）。

（8）延伸。延伸起到了视觉上的引导性和指向性作用。延伸既可以是材质和界面的延伸，也可以是视觉的延伸（图3-14）。

图 3-11

图 3-12

图 3-13

图 3-14

3.3.3 案例分析

同一个户型可以衍生出很多个方案，每个方案都有其针对性，有的方案可以满足某个家庭的需求，有的方案可以满足审美的标准，有的方案可以满足个人的兴趣爱好。可以说，每个方案都有其依据可循。同一套户型在被赋予不同定义之后，会产生不同的火花。

先来了解一下户型的基本情况。假如有一张原始房屋的结构图：四室一厅两卫，户型格局方正、紧凑实用，南北通透，采光良好。面对这样一个户型空间，你会有何思路呢？

所有的方案都有其对应的目标，设计才能谈得上合理，一旦给空间设定了主题，平面图也就有了故事……

1. 单身独居的青年群体

结束了一天的忙碌，远离城市的喧嚣，独居的人回归到自己的天地。性别的差异也会左右着人们对于居家功能区的要求。男性喜欢广交好友，少不了家中聚会；女性爱生活、懂生活，钻研美食是生活乐趣。

对于男性独居空间，需考虑灵活多样，考虑到个人需求，交流空间一定要充足，空间需要开放，因为家中来客多，故洗手间应组合灵活；对于女性独居空间，厨餐一体是必备，同时可在阳台配置绿植景观，以使空间景观充实。

2. 二人世界，歌声与微笑

假设有一对刚刚组建家庭的新婚夫妇，他们爱好广泛，男主人热爱音乐，女主人中意花草，喜欢尝试新鲜事物。

除常规设计外，在设计时还可尝试洗手间创新，通过洗手间的灵活变化满足主卫＋泡澡＋梳妆组合。将客厅居中的空间作为琴房空间。将阳台作为绿植区，供给客／餐空间景观。餐厅厨房的位置与形式相呼应，形成水吧功能的延伸。

3. 三口之家，孩子偶尔回来住

假设某客户向往大气的豪宅，家中孩子从小在寄宿学校就读，客户夫妇自身也无特殊喜好兴趣。因此，房屋无须太多功能。

客户认为原结构分布空间较为呆板，男主人向往豪宅的宽敞大气，故可将空间进行完全开放，将圆形客厅空间作为动线中枢，成为空间中的聚焦点，将厨餐空间合二为一，完全打开，使其更为宽敞与舒适。

4. 六口之家，儿女双全

当家庭成员达到六位时，空间的分配将产生巨大难度，在满足卧室数量的同时还要满足功能需求。家庭成员中有一男一女两个孩子，对于储物的需求很大，而两位老人要求动静分区明确。

设计时将餐客功能整合，把厨房围合，以确保孩子的安全。老人的卧室被安排在东北角，远离一切嘈杂。主卧通过借位形成衣帽间，各房间都具备收纳功能。这个方案的亮点是构思儿童房的组合，可以打通两个房间使孩子一起玩耍，也可关上门形成各自独立的空间。这是考虑到孩子慢慢长大，各自需要更大的空间，同时也需要保护各自的隐私。

在进行空间设计时，应通过现状分析，突破固有思维，从实用性、功能性、落地性全面思考，从多角度构思，进行全方位表达，从而促成方案的完美落地。

任务实施

收集关于空间使用确定的优秀案例相关图片 20 张以上，汇总后制作成汇报 PPT。

学习检测

一、填空题

1. 装饰材料的选用，应考虑便于_____、_____、_____。

2. 明式家具的特点是_____、_____。

3. 设计工作应确立全局观念，主要是指对_____、_____、_____等进行总体把握。

4. 空间利用的五大原则是_____、_____、_____、_____、_____。

5. 小户型装修应以_____装修为主。

6. 分割及设计师惯用的设计手法，就平面而言，大致可以分为_____、_____、_____三类。

二、单选题

1. 由于老年人肌肉力量退化，伸手取物的能力不如年轻人，所以在给老年人设计空间时应使空间（　　）。

    A. 紧凑　　　　　　　　B. 宽松舒适　　　　　　C. 空旷　　　　　　　　D. 明确

2. 在进行精密作业时，其工作面高度受（　　）的影响。

    A. 臀部高度　　　　　　B. 肘部高度　　　　　　C. 膝部高度　　　　　　D. 腰部高度

3. 从室内设计的角度来说，人体工程学的主要功能在于通过对人体的（　　）的正确认识，使室内环境因素适应人类生活活动的需要，进而达到提高室内环境质量的目标。

    A. 人体尺寸　　　　　　B. 生理心理　　　　　　C. 空间结构　　　　　　D. 构造尺寸

4. 关于住宅电梯的布置原则，以下说法正确的是（　　）。

    A. 7 层以上必须设置电梯　　　　　　　　　B. 12 层以上每栋楼电梯不应少于两台

    C. 电梯不应与卧室、起居室紧邻布置　　　　D. 电梯不应与住宅靠近

三、简答题

1. 小户型装修误区有哪些？

2. 小户型怎样合理利用空间？请列举几个方法。

3. 小户型怎么设计才能最大化利用空间？

4. 软装设计的四大空间类型是什么？

5. 如何利用开放式软装空间打造室内外的惬意生活？

学习评价

"个人自评打分表"见附录 2。

"学生互评打分表"见附录 3。

"小组间互评打分表"见附录 4。

"教师评分表"见附录 5。

工作领域 4

软装项目确立

了解软装产品的意向表达及艺术文化属性，了解软装家具、软装灯具、软装窗帘与布艺、软装壁纸与地毯、软装花品与绿植、软装画品藏品与饰品、软装日常用品的基本知识。

能力目标

能够运用相关理论，理解软装产品、家具、灯具、窗帘与布艺、壁纸与地毯、花品与绿植、画品藏品与饰品、日常用品的基本设计方法与意义，并合理运用到设计方案中。

素质目标

培养"以人为本"的理念，树立正确的人生观、资源观、审美观、环境观以及可持续发展观。

思维导图

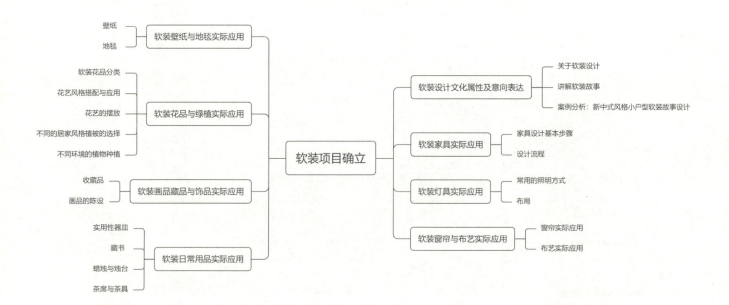

工作任务 **4.1**
软装设计文化属性及意向表达

任务目标

　　了解软装设计文化属性及意向表达、软装产品设计中蕴含的丰厚底蕴，并能够合理运用到设计方案中。

知识准备

4.1.1　关于软装设计

1. 软装设计文化属性

软装设计文化属性承载着传承和积淀，有着不可替代的凝聚力。

（1）软装反映不同个性、爱好、文化修养、年龄、职业的客户的个人审美取向，体现人们不同的生活品位和生存状态。

（2）软装产品的选择能够通过直观的视觉体验来渗透、提升文化意境。

（3）软装设计产品具有当地地域文化的表达。

微课：
软装文化属性

2. 软装意向表达

　　如果把软装设计比作一部电影，设计师就是导演，客户的需求就是剧本。当设计师在设计一个空间时，就是在构建与客户的气质、形象、身份相符的软装情境故事。好的设计师需要对客户进行深入的了解，针对客户的不同情况来量身定制一个设计主题，并且以设计主题为核心，在满足功能性的基础上，讲好故事，营造氛围。

3. 成功的软装

成功的软装能呈现良好的家的模样——放松、自由、舒适、真实，装着有温度的故事，有成长的空间规划，能引导更好的生活方式。好的设计有灵魂，会说话。设计师就是用自己的情感讲述别人的故事。

4.1.2　讲解软装故事

如何讲好软装故事，是软装方案能否得到客户认可的关键。

如果把房子比作一个人，硬装就相当于人的身材和骨架，软装就像人身上的时装。把人变美是一个系统的工作，先从自身的硬件条件开始，认清身材、脸型、气质；再从软件着手，在妆容、衣服、鞋子、配饰各个方面下功夫。

把房子变美也是一样的道理，通过色彩与材质、风格的整体搭配（妆容与服装匹配），功能的区分（姿态与举止得体），与硬装的搭配（适合自己的硬件条件），从材质、工艺、细节、色彩、纹理、质感、环保等方面赋予空间和谐、舒适的美感。

一个软装方案有了设计主题，有了故事，才会有生命。有了感性的设计文案，软装方案才会更有灵气。

从设计立意、非形象元素、形象元素、元素应用四个方面搭建一个创作软装故事的设计框架，再根据设计框架，放入具体内容。

（1）设计立意。设计立意就是设计师在开始软装设计前的创作灵感和出发点，相当于文章的主题思想。

（2）非形象元素。非形象元素就是立意之后的创造性联想，利用发散思维和头脑风暴想到与立意有关的相关事物，如点、线、面等形状，大自然中的各种事物形象，自然现象，文化现象，艺术作品，影视、音乐作品，哲学思想，抽象事物等。

（3）形象元素。形象元素就是将非形象元素落实到室内软装设计的具体元素上。

（4）元素应用。运用设计法则和美学原则——整体与局部、节奏与韵律、呼应与夸张、对称与均衡、变化与统一、调和与对比、比例与尺度、实与虚、叙事与创意、借景与造景、具象与意向、文化与气质等，对软装设计元素进行设计表达，最后达到设计立意的目标，营造出预想的氛围。

4.1.3　案例分析：新中式风格小户型软装故事设计

通过中式软装来讲故事，用软装手法实现空间创意。

（1）设计立意。通过对中国传统文化的认识，提炼其中的经典元素并加以简化和丰富，融入现代设计理念，让传统与现代碰撞、升华，呈现既简约优雅，又时尚大气，同时不失文化底蕴的意境和氛围。

（2）非形象元素。非形象元素包括天圆地方的哲学理念、天人合一的意象、人与自然之间的穿越关系、艺术与生活的双重体验、中式风骨、禅、中国山水等（图4-1）。

（3）形象元素。形象元素如挂画、家居摆设、灯饰等。

图 4-1

（4）元素应用。挂画被一分为二，方中有圆，圆中有乾坤。

（5）家居摆设。

①讲究大对称与小冲突。大空间、大物件对称，小饰品非对称，讲究视觉变化，避免呆板。大对称带来空间庄重感，不失中式的严谨；小变化打破沉闷，以对景为对称，两侧家具陈设形成差异，兼顾美观与实用。新中式软装的美在于对称与非对称共存，矛盾与冲突带来感官冲击（图4-2）。

②讲究实虚相映。中式画与屏实虚运用：需私密之处，实；需开放通透之处，虚。

a. 灯饰。陈设与灯光运用也讲究虚实结合。设计强调见光不见灯。灯光采用虚化设计，墙面灯光采用筒灯，形成虚实相衬，熠熠生辉的效果；墙面和顶面采用虚化设计，与左侧实墙形成鲜明对比，生动而富有变化，配以树和雕塑作为点缀，光影婆娑，十分浪漫。

b. 借景与造景。硬装的山水笔画，通过软装铺陈，将小院中的风声、鸟声、树声浅浅引入室内，给人身处山水的真实心境。老物件为空间注入厚重的历史感，有助于探寻当代东方意蕴（图4-3）。

图 4-2

图 4-3

任务实施

一、完成软装设计意向表达思维导图

二、任务总结

_____

_____

_____

_____

学习检测

一、填空题

1. 现代家居的两大装修风格是_____、_____。

2. 正确挑选适合环境空间的产品需要把握_____、_____、_____、_____等关键环节。

3. 在西方美学史上，法国美学家_____提出了"美是关系"的学说。

4. 在西方美学史上，审美"移情说"的代表人物是_____。

5. 暖色调使人感到_____，冷色调则使人感到_____。

6. 讲解软装故事时，可从_____、_____、_____、_____四个方面搭建一个创作软装故事的设计框架，再根据设计框架放入具体内容。

二、单选题

1. 室内空间环境按建筑及其功能的设计分类，其意义主要在于：设计者在接受室内设计任务时，首先应该明确所设计的（　　　）。

    A. 室内空间大小　　　　B. 建筑结构　　　　C. 空间使用性质　　　　D. 建筑环境状况

2. 人体工程学以达到（　　　）、舒适和高效为目的。

    A. 安全　　　　　　　　B. 效率　　　　　　C. 稳当　　　　　　　　D. 舒服

3. 在软装设计中，首先要注意的是（　　　）。

    A. 比例与技巧　　　　　B. 稳定与技巧　　　　C. 节奏与韵律　　　　　D. 主从与重点

4. 在软装设计中，最后要注意的是（　　　）。

    A. 稳定与技巧　　　　　B. 过渡与呼应　　　　C. 比拟与联想　　　　　D. 单纯风格

5. 室内设计师必须具备高度的艺术修养，并掌握（　　　）和材料知识。

    A. 机械加工　　　　　　B. 现代科技　　　　　C. 木工技术　　　　　　D. 施工组织

三、简答题

1. 简述软装设计中的十大美学原则。

2. 简述现代家居的两大装修风格。

3. 软装图案对空间设计有何影响？

4. 色彩有哪三种属性？

5. 四角色在软装中的表现是怎样的？

学习评价

"个人自评打分表"见附录2。

"学生互评打分表"见附录3。

"小组间互评打分表"见附录4。

"教师评分表"见附录5。

工作任务 **4.2**
软装家具实际应用

导读

　　定制家具的整个过程是一个非常烦琐的过程，包括预测量、沟通、设计图纸、反复修改和确认、下订单到工厂生产，最后到现场安装。全屋定制则是一站式体验，为客户省时省力。

任务目标

了解软装家具的实际应用。

知识准备

4.2.1　家具设计基本步骤

　　（1）绘制方案草图。方案草图是设计者理解设计要求之后对设计构思的形象表现，是捕捉设计构思形象的最好方法，一般徒手绘制（图4-4）。

　　（2）收集设计资料。以方案草图形式固定下来的设计构思只是初步的原型。工艺、材料、结构等问题都是设计的重要问题。

　　（3）制作模型。使用简单材料和加工手段，按一定比例（一般为1∶10或1∶5）制作模型。

　　（4）完成设计方案。设计者对思路意图征求委托者的意见，再通过设计方案全面表现出来，对于不详明之处辅以文字说明。设计时要结合人体工程学，符合人们的生活习惯。

　　（5）制作实物模型。实物模型是在设计方案确定下来之后制作的，比例为1∶1。

图4-4

（6）绘制施工图。施工图包括总装配图、零部件图、加工要求、尺寸及材料等。将产品以图纸的方式固定下来，确保产品与样品的一致性。

4.2.2 设计流程

在设计定制家具前期一定要反复测量，充分与客户沟通。下面以定制衣柜为例进行讲解。

1. 挑选板材

市面上可用于定制衣柜的板材有很多种，如颗粒板、多层实木板、密度板、欧松板、生态板、实木等，如图4-5所示。实木包括樱桃木、白蜡木、柚木、花梨木等。其中，白蜡木纹理好看、价格适中。如果选用板材定制衣柜，可用激光封边，胶水选用环保胶水。

图 4-5

2. 选择衣柜门板

一般情况下，衣柜门板分为推拉门和掩门两种。若空间比较小，建议选用推拉门，推拉门的密封性没有掩门好，同时上、下有滑轨，价格较高。预算较低时可选择掩门。掩门价格低，只需有足够空间打开门，方便收拾衣物即可。

3. 衣柜内部布局设计

衣柜内部布局要根据客户需求来设计，如增设叠衣区、悬挂区。若无特殊需求，可选用模板。根据人体高度，衣柜内部布局一般可分为顶部区域、中部区域、底部区域三大区域。一般来说，顶部区域的物品拿取比较困难，所以，在顶部区域不需要做太多的层板，可保留大一点的空间，方便放被子或行李箱即可；在中部区域的叠衣区可以多做层板，建议选择可以调节的层板，这样后期可以灵活使用；在底部区域可以多设计几个抽屉，主要用于存放内衣或文件（图4-6）。

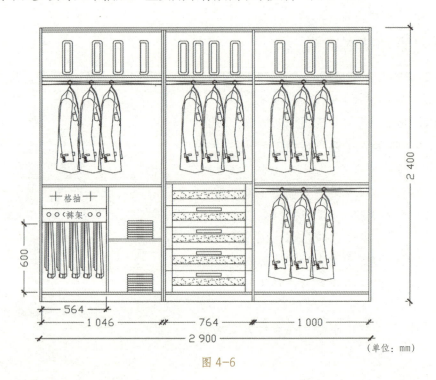

（单位：mm）

图 4-6

4. 衣柜收纳

如今很多衣柜配件（如旋转衣架、可升降衣架、裤子架等）是根据需求来选择的，可以多设置抽屉，以方便收纳。

5. 衣柜尺寸

衣柜高度：建议做到顶设计，如楼层有 2 700 mm 高，建议衣柜也做到 2 700 mm 高。衣柜的宽度要根据空间确定。一般情况下，推拉门衣柜的深度是 600 mm，掩门衣柜的深度是 550 mm；如果使用者比较高大，衣服肩宽比较大，可以考虑多加 50 mm，推拉门衣柜的深度做到 650 mm，掩门衣柜的深度做到 600 mm。

衣柜隔板高度一般为 350 ～ 500 mm，建议做成可活动的隔板，这样在使用过程中可以自行调节。

6. 定制衣柜注意事项

（1）咨询清楚五金配件，如门铰、抽屉导轨的品牌。
（2）确定衣柜抽屉等细节构件的费用。
（3）确定安装是否有额外加车费、搬运费等。
（4）确定柜子保修时间及是否签订合同。

任务实施

设计一套新中式风格定制家具作品，并附家具设计手绘图。

学习检测

一、填空题

1. _____、_____风格的布艺沙发经常采用碎花或格纹布料，以营造自然、温馨的气息。
2. STEVEN 软装的四种搭配风格是_____、_____、_____、_____。
3. 沙发作为客厅陈设家具中最为抢眼的大型家具，应与_____、_____等颜色、风格统一。
4. 如果悬挂装饰画的空间墙面是长方形，那么选择_____尺寸的装饰画较合适。
5. 沙发一般由_____、_____、_____、_____组成。

二、单选题

1. 进门后视线的第一落脚点是（　　　）。
　　A. 书架　　　　　　　　　B. 电视　　　　　　　　　C. 装饰画　　　　　　　　　D. 家具
2. 单人床的最小宽度为 800 mm，其长度一般为（　　　）mm。
　　A. 600　　　　　　　　　B. 800　　　　　　　　　C. 2 000　　　　　　　　　D. 2 200

3. 家具的尺度是否科学、室内界面材料是否合理、室内气流组织好坏都会影响人体的（　　　）。

   A. 运动系统 　　　　　　 B. 感觉系统 　　　　　　 C. 血液系统 　　　　　　 D. 人体力学

4. 下列不属于明式家具艺术成就的是（　　　）。

   A. 榫卯精施 　　　　　　 B. 色彩单一 　　　　　　 C. 色泽光亮 　　　　　　 D. 结构简单

5. 确定居室内衣柜深度的尺寸时应依据人体的（　　　）。

   A. 臀部宽度 　　　　　　 B. 两肘宽度 　　　　　　 C. 肩部宽度 　　　　　　 D. 两腿宽度

三、简答题

1. 软装是指哪些家居用品？

2. 何为整体软装？

3. 卫浴间的木制家具如何防潮？

4. 简述客户选购沙发的一般步骤。

5. 进入标准化库的产品需由设计院确认的详细验收标准有哪些？

6. 定制衣柜有哪些注意事项？

学习评价

"个人自评打分表"见附录2。

"学生互评打分表"见附录3。

"小组间互评打分表"见附录4。

"教师评分表"见附录5。

工作任务 **4.3**
软装灯具实际应用

■ 导读

常用的照明方式有直接照明、间接照明、漫射照明、效果照明、重点照明等。

任务目标

了解软装灯具实际应用及不同空间的灯光布置要点。

知识准备

4.3.1 常用的照明方式

常用的照明方式有直接照明、间接照明、漫射照明、效果照明、重点照明等。

4.3.2 布局

1. 玄关照明

通道式玄关一般可以用射灯、感应灯带配合照明，避免以门为中心布灯导致顶光过强，否则脱衣换鞋时容易产生阴影。一般情况下，独立玄关处会悬挂一幅画，或摆放半墙鞋柜、雕塑、顶天立地鞋柜，这时灯光需要聚焦。没有玄关的，可以把灯布在门中间，子母门要以整个门为中心。

微课：软装灯具
实际应用

2. 走廊照明

一般情况下，在走廊的尽头，需要一个射灯用于照明装饰。在走廊入口处确定首个灯位，再根据实际长度确定射灯数量然后均分。

3. 客厅照明

客厅布灯主要分为五个区域，即电视背景墙、沙发背景墙、阳台通道、餐厅通道、客厅中央。一般情况下，电视背景墙是传统家庭的核心区域，电视背景墙灯光布置非常重要。普通布灯方法就是先确定两端灯位，然后均分，一般布置 3～5 盏射灯。也可采用黄金比例布灯法，其适用于 4～6 m 的电视背景墙，在电视背景墙长度的 1/5、1/3、2/3、4/5 处布置 4 盏灯。沙发背景墙的线性射灯光束为偏光，无眩光；普通的反灯槽灯带打光只有 0.5 m 左右，而线性射灯打光均匀、漂亮。一般情况下，沙发背景墙上布置 2～3 盏线性射灯即可。在客厅中央做全客厅满吊顶的情况下，可以在茶几区域并排布置 2 盏距离为 10～40 cm 的射灯，注意不要把灯布置在茶几中央位置，要向电视背景墙方向移动 10～40 cm，如果吊边顶或不吊顶，可以选择明装或中间不放灯。建议少用主灯，多利用射灯散点布局，营造光影层次，以获得暖色温馨的效果（图 4-7）。

4. 卧室照明

卧室照明主要分为整体照明和局部照明。床头上方可不布灯或布置装饰性的吊灯、壁灯、台灯，也可采用线性射灯（图 4-8）。卧室背景墙可以参考电视背景墙的黄金比例布灯法，也可将 3～4 盏射灯均分布置。衣柜前方布置 2～3 盏射灯即可，衣柜内部依据需要布置灯带。飘窗若做吊顶，可把灯布置在飘窗中央，间隔 60 cm 左右布置两个射灯，也可在距离飘窗两端 30 cm 左右各布置一个射灯。卧室可以采用台灯、壁灯、筒灯来提供局部照明。一般情况下，宽度超过 4 m 的卧室，可以在卧室中心（即距床尾 10～40 cm 处）并排布置 2 盏距离为 10～40 cm 的射灯。主卧为成年人休息的地方，色温不宜过高。而学龄期的孩子在房间里喜欢看书、使用计算机等，色温不宜太暗。老人因视力功能减弱，需要明亮的灯光，以免因看不清被绊倒。

图 4-7   图 4-8

5. 餐厅照明

为了避免视线盲区，餐厅需设置重点照明和局部照明。

餐桌区域是唯一建议安装主灯的区域，需选择有一定遮光角或能够聚光的吊灯。吊灯高度需距离餐桌 65 cm 左右，如果没有确定的餐桌高度，吊灯最低点可以设置在距离餐桌 130 cm 处。餐厅可以选择偏暖一点的灯光以提升食欲。餐桌边上的墙、餐厅与厨房间的门、餐厅与阳台之间的通道一般采用 2～3 盏射灯均分布置即可。在餐厅与客厅间的通道布置走廊灯即可（图 4-9）。

6. 厨房照明

在厨房布置灯位时需考虑高柜、冰箱、吊柜和台面，一般灯位布置要提前规划，高柜处距离墙

80 ～ 85 cm，冰箱处距离墙 90 ～ 95 cm，吊柜处
距离墙 55 ～ 60 cm，台面处距离墙 30 cm。

图 4-9

　　在中厨设计中，大部分厨房水槽布置在有窗
户一边，燃气灶和抽油烟机靠墙布置。一般情况
下，在厨房中会布置一些吊柜，中间布置操作区。
无吊柜时在台面居中的上方布置灯光，一般距离
墙 30 cm 左右，有吊柜的地方需预留吊柜的厚度，
灯位距离墙 65 ～ 70 cm（图 4-10）。

　　在厨房布置灯位时，首先要找到有吊柜与没
有吊柜的转角位，距离有吊柜的墙 60 ～ 65 cm，
距离无吊柜的墙 30 cm，这就是中厨的首个灯位。第二个灯位一般在冰箱位置，一般情况下，冰箱加
上插头需要 70 cm 左右，而橱柜只有 60 cm，所以，第二个灯位一般对中冰箱，距离墙 90 cm 左右。
根据首个转角灯位、冰箱灯位和厨房面积，确定剩下灯位的数量和排布方式。

　　设计西厨时，岛台灯光非常重要。岛台灯光可以参考餐桌灯光布置，根据岛台大小选择吊灯或
2 ～ 3 盏射灯。

7. 卫生间照明

　　卫生间设计的误区：一盏主灯解决照明问题、卫生间集成吊顶使用平板灯。

　　建议：对于卫生间照明，若顶部只安装一个主灯，边角位置会有阴影，因此可以在洗漱台的化妆
镜处安装局部灯带或筒灯来补光（图 4-11）。

图 4-10

图 4-11

　　浴室柜洗手盆的镜子可使用镜柜或薄镜子，首个灯应布置在洗脸盆中间。一般情况下，薄镜子距离
墙 25 ～ 30 cm，镜柜距离墙 40 ～ 45 cm。同时，在后方再加一个射灯，这样，人在镜子前会减少阴影，
更加立体；也可以选择带灯光的镜子。

　　马桶区域一般有两种布灯方法：一种是马桶上方设置牛眼灯；另一种是在马桶对面布置一个射灯。

　　普通的一字形淋浴房，只需要一个射灯，不建议布置在花洒上方。钻石型淋浴房空间小，不建议在
淋浴房里布置灯光。一般情况下，浴缸处只布置一个射灯，需依据花洒位置确定射灯位置，不可在头顶
处放置射灯。

任务实施

完成一套现代简约风格室内设计空间灯具布置的方案。

一、填空题

1. 筒灯的类型有_____、_____、_____、_____。

2. 常用的照明方式有_____、_____、_____、_____、_____、_____。

3. 客厅布灯主要分为五个区域，即_____、_____、_____、_____、_____。

4. 一般情况下，在走廊的尽头处需要一个_____照亮装饰。

5. 一般情况下，_____是传统家庭的核心区域，_____布置非常重要。

二、单选题

1. 小户型灯光构成在室内设计中的作用是（　　）。

　　A. 表现情感和性格　　　　B. 增加艺术气息　　　　C. 调节情绪　　　　D. 调节冷暖

2. 客厅背景墙一般设置（　　）盏射灯。

　　A. 3～5　　　　　　　　B. 2～4　　　　　　　　C. 4～6　　　　　　　　D. 1～3

3. 主卧为成年人休息的地方，所以灯光色温（　　）。

　　A. 不宜偏暖　　　　　　B. 不宜偏冷　　　　　　C. 不宜过低　　　　　　D. 不宜过高

4. 餐厅桌上的吊灯，可以选择（　　）一点的灯光以提升食欲。

　　A. 偏冷　　　　　　　　B. 偏亮　　　　　　　　C. 偏暖　　　　　　　　D. 偏暗

5. 学龄期的孩子在房间里喜欢看书、用计算机等，所以灯光色温（　　）。

　　A. 不宜过高　　　　　　B. 不宜太暗　　　　　　C. 不宜偏冷　　　　　　D. 不宜偏暖

三、简答题

1. 简述餐厅软装灯饰设计注意事项。

2. 简述在玄关处如何设计软装灯饰。

3. 简述卧室照明的注意事项。

4. 卫生间照明布设应避免哪些误区？

5. 常用的照明方式有哪些？试对其中1～2种进行分析。

"个人自评打分表"见附录2。

"学生互评打分表"见附录3。

"小组间互评打分表"见附录4。

"教师评分表"见附录5。

工作任务 **4.4**
软装窗帘与布艺实际应用

▌导读

窗帘是家居中不可缺少的、功能性和装饰性完美结合的室内装饰品。它可以减光、遮光，以适应人对光线不同强度的需求，并改善居室气候与环境。

任务目标

了解软装窗帘与布艺实际应用。

知识准备

4.4.1 窗帘实际应用

1. 窗帘杆

罗马杆和滑轨杆是比较常见的两种窗帘安装方式。

（1）罗马杆。罗马杆是悬挂窗帘的横杆。杆身呈圆柱状，杆的两端为葫芦柱头，具有装饰效果，因像古罗马建筑样式而得名。其适用于落地窗帘。选择罗马杆时要注意地面、墙面及窗帘的颜色搭配。罗马杆一般用在明处，因其承重不足，长度不能超过 3.5 m（图 4-12、图 4-13）。

（2）滑轨杆。滑轨杆是暗杆，需要提前做窗帘盒（图 4-14）。其价格较低，针对特殊窗户，可以侧装或顶装，安装后不显眼。卧室和客厅采用罗马杆较好。顶面有吊顶时建议直接做窗帘盒。

2. 窗帘材质的选择

（1）棉质面料：优点是舒适、透气、柔软、保暖、防敏感、容易清洗；缺点是易皱、缩水、易变形、易褪色。

（2）麻质面料：优点是属于天然织物、舒适、轻便、透气；缺点是易皱、弹性差。

（3）毛质面料：优点是质轻、柔软、保暖、抗皱、耐脏、不易褪色；缺点是易生虫、只能干洗、成本高。

微课：软装窗帘与布艺实际应用

图 4-12   图 4-13   图 4-14

（4）丝质面料：优点是光泽好、颜色鲜艳，轻薄柔软、吸湿性好；缺点是缩水、易皱、洗涤后易掉色和需熨烫。

（5）涤纶面料：优点是强度高、弹性好、抗皱、耐腐、仿丝绸感强、光泽明亮；缺点是不够柔和、透气性差、易产生静电、不易染色。

（6）锦纶面料：锦纶又称尼龙，优点是耐磨性特别好，常与羊毛混纺，以增强其牢度；缺点是透气性能差、容易起静电。

（7）棉麻面料：优点是比较柔软、兼具棉和麻的优点、肌理感强；缺点是不抗皱、易褪色。

3. 窗帘颜色的选择

（1）白色：白色的窗帘适用于任何空间，色彩百搭，但容易弄脏，需频繁清洗。

（2）灰色系：呈现低调的高级感，遮蔽效果较好。

（3）条纹和花色：因为它们具有独特的色彩和张力，能为空间增添一种温馨热闹的气息。在搭配时，需尽量与家居环境的整体风格协调。

4. 不同环境下窗帘的选择

（1）客厅。客厅是整个家居环境的体现。建议选择具有挡光、隔热功能的厚棉麻或涤纶材质的窗帘。若想让客厅的光线更加明亮充足，则可以选择浅色调或透光性强的薄布料及由镂空的布料制作的窗帘。

（2）卧室。卧室窗帘可以根据使用者的不同来选择。例如，老人房的窗帘要考虑隔声和挡光的效果，棉麻类厚重的窗帘隔声和挡光效果好，而且方便清洗和打理。

年轻人的卧室则可以选择清新自然或充满活力的窗帘，既能保证私密性，又可以营造出一种令人耳目一新的视觉效果。

（3）餐厅。餐厅窗帘应活泼欢快、明快，建议采用暖色，如用橙色等来增进食欲；外帘多用窗纱，里帘多用棉制品。

（4）书房。书房窗帘要求透光好、够明亮，款式可选择升降帘，以适当地控制光线的强弱，色彩建议选用驼色、米黄等淡雅色调，以有利于工作、学习。

5. 窗帘安装

在核对图纸的过程中，需要注意安装窗帘的窗户是否预留了窗帘盒。如果没有，可以考虑使用罗马杆或"窗帘＋窗幔"的形式来遮挡外露的轨道；如果已经安装了窗帘盒，要注意窗帘盒的尺寸。

假设实际窗帘盒的尺寸与窗帘设计参数有所出入，则需按照实际需求与硬装负责人进行沟通并解决。

（1）施工处背面的材料。在检查窗帘安装点位之前，要提前确认施工的材料。如果安装点位所对应的墙面或顶面材质的承重性能比较差，一定要提前与硬装设计单位或施工单位沟通交流，加固石膏板，以确保承重性能。

（2）加工的点位。窗帘可分为顶装和侧装，如果侧装的侧面或底面的安装点位在墙面上，则需要确认这个点位后面是否为空心砖之类的建材；或者它的龙骨在哪个点位，是否可以安装在这个点位上。如果安装的材质是石膏板，一定要在核对图纸的同时确认节点大样图，并大致估算出每个地方的用量，以便预判是否需要进行加固。

（3）尺寸规格。窗帘盒有它自己的尺寸，尺寸规格分为很多种。

手动的单层窗帘盒的宽度一般为 120 ～ 150 mm。安装单层的电动窗帘时需要保证窗帘盒的宽度大于 180 mm。

双层手动窗帘一般是一层布和一层纱。一般情况下，双层手动窗帘的窗帘盒宽度为 150 ～ 200 mm；双层电动窗帘的窗帘盒宽度至少为 250 mm，如果窗帘的褶皱比较多，则窗帘盒尺寸的宽度最少为 300 mm，以确保窗帘在拉起来时不会有帘身堆积在两边的现象。在设计窗帘盒尺寸时，还要注意它的美观性和透气性。

窗户不同，窗帘的尺寸也不同。

（1）落地窗。落地窗宽度就是从左到右整面墙的宽度，高度是从顶往下大约 5 cm 处至离开地面 3 cm 处。当然，落地窗也可以不用安装至整面墙，那么至少窗框每边再加宽 15 cm。

（2）半截窗。如果做整面墙的窗帘，则测量方法与落地窗相同；如果只需将窗户遮住，则窗帘的宽度为窗户的宽度每边加宽 10 ～ 15 cm；上面高出窗框 10 cm；下面如果没有台或床等物件，就要加长至少 20 cm，如果有台等家具，则需测量到台面上面。

（3）飘窗。飘窗需要做三边窗帘，即宽度沿着玻璃测量，高度从顶到台面测量。

4.4.2 布艺实际应用

（1）选用具有相同元素的布艺进行布置。可以从色彩、图案、材质等方面进行元素的提炼与设计。如图 4-15 所示，使用相同花纹和色彩的装饰布料分别做成窗帘、靠垫等布艺产品，使空间协调统一。如图 4-16 所示，深蓝色的墙面、淡黄色的家具显得简单而干练，采用花色布艺，使其与周围环境适应。

（2）根据墙面、地板、家具等的装饰色彩与整体色调来选择合适的布艺色彩。

①墙面颜色较深时，可采用淡雅的窗帘；墙面颜色较淡时，可采用色彩较浓的窗帘。

②墙面装修较复杂时，可采用花型简单的窗帘。

③家具色彩较淡、陈设较简单时，可选用色彩较浓、花色缤纷的窗帘；家具色彩较浓或设计风格独特时，应选用花型简单、色彩较淡（或单色）的窗帘。

④色调可分为暖色调、冷色调和中间色。布艺的色调可与家具、地板一致。

图 4-15

图 4-16

任务实施

设计一套欧式风格的窗帘与布艺作品。

一、填空题

1. 设计师在设计过程中要考虑资源的环保节能要求，选用资源利用率高、可再生的材料，以降低装修后的_____。

2. 布艺装饰包括_____、_____、_____、_____。

3. 在软装花卉布艺与色彩搭配的原则中，需要注意_____、_____、_____。

4. 布艺装饰需在_____、_____、_____、_____上搭配得当。

5. 如果门窗是白色的，则_____、_____比较繁复的布艺沙发比较合适。

6. _____是悬挂窗帘的横杆。杆身呈圆柱状，杆的两端为葫芦柱头，具有装饰效果，因像古罗马建筑样式而得名。其适用于落地窗帘。

二、单选题

1. （　　）色的窗帘可以起到促进睡眠的作用。

    A. 绿   B. 白黄   C. 蓝   D. 黑红

2. 在欧式风格中，窗帘的颜色多采用（　　）。

    A. 米黄色   B. 米白色   C. 咖啡色   D. 浅灰色

3. 在挑选布艺时，可选择（   ）色系。

  A. 浓烈的   B. 浅   C. 鲜艳的   D. 深

4.（   ）风格常采用织锦和夹着金丝的缎织布料。

  A. 美式   B. 欧式   C. 地中海   D. 西班牙古典

5. 光线偏暗且背光的朝北房间，适合采用（   ）的窗帘。

  A. 红栗色   B. 天蓝色   C. 墨绿色   D. 湖绿色

三、简答题

1. 简述布艺的特性及装饰作用。

2. 简述布艺装饰在室内设计中的功能和作用。

3. 布艺的分类有哪些？布艺具体指什么？

4. 简述软装中窗帘的搭配技巧。

5. 简述软装中花卉布艺与色彩搭配的原则。

学习评价

"个人自评打分表"见附录2。

"学生互评打分表"见附录3。

"小组间互评打分表"见附录4。

"教师评分表"见附录5。

工作任务 **4.5**
软装壁纸与地毯实际应用

导读

> 地毯有很多实用功能，在软装设计中可带给人舒适感。应根据家居软装风格来挑选地毯，使色彩统一和谐，这样家居的整体风格会很舒适。

任务目标

掌握软装壁纸与地毯实际应用。

知识准备

4.5.1 壁纸

1. 分类

（1）无纺布壁纸。以纯天然无纺布为基材，表面采用水性油墨印刷后涂上特殊材料，图案丰富、施工容易。其优点是吸声、不变形。

（2）纸基壁纸。以纸为基材，经印花后压花而成，自然、舒适，无异味，环保性好，透气性强，上色效果好，适合染各种鲜艳颜色，甚至工笔画；缺点是时间久了会略微泛黄。

微课：软装壁纸与地毯实际应用

（3）织物类壁纸。以丝绸、麻、棉等编织物为原料，物理性非常稳定，湿水后颜色变化也不大，在市面上非常受欢迎，但价格较高。

2. 图案及风格特点

（1）条纹具有恒久性、古典性、现代性与传统性的特点。稍宽型的长条花纹适合用在流畅的大空间中，较窄的图纹适合用在小空间中（图4-17、图4-18）。

图 4-17

图 4-18

（2）大马士革。大马士革城的民众对中国传入的格子布花纹尤为喜爱，在西方宗教艺术的影响下，将其制作得更加华贵、典雅。大马士革壁纸擅长营造华丽的欧式气质，大气典雅，具有深厚的历史底蕴（图 4-19、图 4-20）。

图 4-19

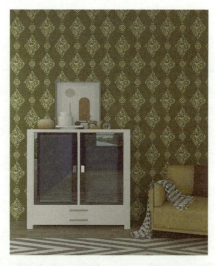
图 4-20

（3）花形图案。花形图案比较适用于田园、乡村、休闲的家居风格（图 4-21、图 4-22）。

图 4-21

图 4-22

（4）几何形体组合的背景具有一定的韵律感，其中细小规律的图案可以增添居室的秩序感，为居室提供一个既不夸张又不太平淡的背景。色彩强烈的几何图案会让空间显得敞亮，进而成为视觉焦点（图 4-23）。

（5）艺术壁纸以各种个性的图案进行展示，给人带来全新的感觉，根据空间需要选择与之协调的图案、色彩、风格，往往会有意想不到的效果。如图 4-23 所示，背景图案色彩艳丽，图案奇特、新颖，具有艺术感，很容易成为视觉焦点，适合用作公共区域主要位置的装饰。

图 4-23

3. 壁纸的搭配原则

（1）在一个完整的空间中不建议使用超过三种款式的壁纸。

（2）壁纸的搭配应与家装整体风格相符，如传统的中式风格可以选择浅棕色、灰色等壁纸；现代或后现代风格则可以选择色彩明快或夸张的壁纸。

（3）根据主人的特质选择壁纸，如老人房的特质是朴素、庄重，宜选用花色淡雅、偏绿、偏蓝的壁纸；儿童房的特质是欢快活泼、富有朝气，宜选用颜色新奇丰富的壁纸。

（4）结合室内的摆设选择壁纸，如根据室内摆设的颜色选择壁纸，或根据室内摆设的风格选择相应图案的壁纸。

（5）根据空间的大小和用途选择壁纸，如宽敞的空间宜选择大花朵、宽度较大的条形等图案；小空间则应选择细密、颜色较淡的图案。

（6）房间光线好、宽敞明亮时可以选用深色调的壁纸。

4. 壁纸的装贴

壁纸一般宽 0.53 m、长 10 m。装贴时需要计算出房间装贴壁纸部分的高度和宽度，应从上到下一幅一幅地拼接粘贴。对于有花纹的壁纸，每幅之间都要进行对花，花型越大，损耗越大，对花后每幅的长度可能只有 3 m 或更短，所以，卷幅的计算需要加入对花的损耗（图 4-24、图 4-25）。

图 4-24

图 4-25

4.5.2 地毯

地毯可以让木地板或地板砖与家居风格形成完美搭配。

1. 材质选购

地毯的材质有很多种。

（1）羊毛地毯：价格比较高。由于它的质感和触感非常好，图案丰富，所以深受人们喜爱。不建议家装选用纯毛材质的地毯，因其不耐虫蛀并且容易滋生细菌，平时维护打理也很困难（图4-26）。

图 4-26

（2）化纤类地毯：优点是价格较低，不易被虫蛀，可以与纯毛地毯一样，做出很多鲜艳的颜色和图案；缺点是易燃，安全性得不到保障，柔软性较差。在家庭的客厅和书房中，推荐选购化纤类地毯。

（3）卫生间或玄关的地垫：价格低、耐擦洗、好打理。

2. 色彩选择

家居搭配讲究和谐统一，地毯的色彩不能与环境反差太大。在挑选地毯颜色时，要先看住房的朝向，向东南或朝南的住房，采光面积比较大，最好选用冷色调的地毯；如果房屋的朝向是西北，则选择暖色调的地毯，以增加温暖的情趣。

可以根据空间选购地毯，如果家居面积比较大，深色的地毯是最能够衬托出品位和华贵的选择。相反，如果家庭面积比较小，那么浅色的地毯更能够显得房间明亮宽敞（图4-27）。

采光非常好的家庭环境适合冷色系，它可以让整个空间透出一种纯净、舒适的风格。如果主人喜欢安静独处，则可选用色彩饱和度较低的淡色系，它会让房间显得静谧。

客厅和卧室对地毯的要求是不同的。对于客厅，地毯除美观外，耐用性方面的要求也非常关键。客厅中有些区域中人的活动比较频繁，玄关处要选择密度比较大的、耐磨的地毯。如果有楼梯，最好选用耐用、防滑的种类。一般情况下，地毯在楼梯下出现的频率也比较高，所以，应避免选用长毛平圈绒毯，因为地毯的底部容易在楼梯边沿暴露出来，也容易沾上污渍。卧室中人的活动密度小，所以，选择地毯时耐用性方面的要求没那么高（图4-28）。

3. 搭配

如果是简约风格，地毯颜色一般以纯灰色或灰色为主色调，因为其稳重大气，十分耐脏。灰色与一般的颜色都可以进行搭配，不会显得突兀，是真正的百搭色。

图 4-27

图 4-28

另外，要根据家具的款式决定地毯样式。红木或仿红木的家具，一般搭配线条排比式或对称的规则式花形地毯，以显得古朴、典雅；组合式家具或新式家具，可搭配不规则图案的地毯，以让人感到清新、新颖。

地毯的尺寸需要根据客厅或卧室的面积大小而定。如果客厅面积在 20 m² 以上，那么地毯的尺寸不能小于 1.7 m×2.4 m。

任务实施

选择一套壁纸与地毯作品，以 PPT 的形式进行分析。

学习检测

一、填空题

1. 壁纸主要分为_____、_____、_____三大类。

2. 壁纸一般宽_____ m、长_____ m。

3. 地毯的材质主要有_____、_____、_____三大类。

4. 如果客厅面积在 20 m² 以上，那么地毯的尺寸不能小于_____ m。

5. 一般在客厅和书房中，推荐选择_____地毯。

二、单选题

1. 壁纸是常用的装饰材料。为了使壁纸耐擦洗、不吸水，允许基层有一定的裂纹。为了使图案丰富且具有凹凸感，可采用（　　）。

    A. 纺织物壁纸　　　　B. 天然材料的壁纸　　　　C. 复合纸质壁纸　　　　D. 塑料壁纸

2. 室内设计软装具体是指（　　）。

    A. 壁纸家具   B. 土建   C. 水暖   D. 灯具

3. 在一个完整的空间中不建议使用超过（　　）种款式的壁纸。

    A. 三   B. 四   C. 五   D. 二

4. 无纺布壁纸的优点是（　　）。

    A. 渗透性较强   B. 环保性好，透气性强

    C. 物理性非常稳定   D. 自然、舒适，无异味

5. 羊毛地毯的缺点是（　　）。

    A. 易燃，安全性得不到保障

    B. 不耐虫蛀且容易滋生细菌，平时维护也很困难

    C. 价格低

    D. 图案单一

三、简答题

1. 简述壁纸的搭配原则。

2. 简述地毯的搭配注意事项。

3. 简述壁纸的图案及风格特点。

4. 简述壁纸的分类及特点。

5. 简述地毯的材质选择。

学习评价

"个人自评打分表"见附录2。

"学生互评打分表"见附录3。

"小组间互评打分表"见附录4。

"教师评分表"见附录5。

工作任务 **4.6**
软装花品与绿植实际应用

> **▌导读**
>
> 　　花品、绿植大多各有性格，需要好好打理。久居钢筋丛林的城市中，一抹绿色带给人的不仅是一份惬意，更是一份对生活本真美的追求。

任务目标

了解软装花品与绿植实际应用的基本内容。

知识准备

4.6.1　软装花品分类

1. 鲜花

（1）特点。自然、鲜活，具有无与伦比的感染力和造物之美，但受季节、地域的限制。

（2）适合场所。其适用于家庭、酒店、餐厅、展厅等场所。

微课：软装花品与绿植实际应用

2. 仿真花

（1）特点。造型多变，花材品种不受季节和地域的影响，品质高低不同（图 4-29）。

（2）适合场合。其适用于家庭、酒店、餐厅、展厅、橱窗等场所。

（3）适合风格。其适用于各种装饰风格。

3. 干花

（1）特点。风格独特，但花材品种和造型有很大局限性。

图 4-29

（2）适合场合。其适用于家庭、展厅、橱窗等场所。

（3）适合风格。特别适用于田园、绿色环保、自然质朴等风格。

（4）风格。崇尚自然，朴实秀雅，富含深刻的寓意。

4. 花品

图 4-30

（1）按地域不同分类。

①中国古典花艺。中国古典花艺强调反映时光的推移和人们内心的情感，其所要呈现的是美的事物，同时，它也是一种表达情感的方式和提升修养的方式；推崇奉献精神，赞美自然、礼仪、德行，胸中的气韵、内心的澄明都是花道的题中之义。它所追求的是"静、雅、美、真、和"的意境（图 4-30）。

②西式花艺。西式花艺讲究造型对称、比例均衡，以丰富而和谐的配色达到独具艺术魅力的优美装饰效果（图 4-31）。

（2）按造型不同分类。

①焦点花。作为最引人注目的鲜花，焦点花一般插在造型的中心位置，是视线集中的地方。

②线条花。线条花的功能是确定造型的形状、方向和大小，一般选用穗状或挺拔的花或枝条（图 4-32）。

③填充花。西式插花的传统风格是大块状几何图形组合，其间空隙较少。要使线条花与焦点花和谐地融为一体，必须选用填充花进行过渡。

图 4-31

图 4-32

4.6.2　花艺风格搭配与应用

（1）单色组合。选用一种花色构图，可选择同一明度的单色相配，也可用不同明度（浓、淡）的单色相配，显得简洁时尚。

（2）类似色组合。由于色环上相邻色彩的组合在色相、相度、纯度上都比较接近，互有过渡和联系，因此，它们组合在一起时比较协调，显得柔和而典雅，适宜在书房、卧室、病房等安静环境内摆放。

（3）对比色组合。对比色组合，即互补色组合，如红与绿、黄与紫、橙与蓝，都是具有强烈刺激性的互补色，它们相配容易产生明快、活泼、热烈的效果。需要特别注意的是保持互补色的比例。例如，黄色小花与紫色蝴蝶花的组合，可产生色彩鲜明、活跃的效果。

4.6.3　花艺的摆放

1. 客厅花艺

如果是大型台面，花艺可以大一些，也可以直接摆在地面，会显得十分热烈；若想用插花点缀茶几、组合柜或墙上的格架等较小的地方，就要采用小型的插花。

2. 餐厅花艺

餐厅花艺通常放在餐桌上，成为宴席的一部分，除选择鲜艳的品种外，还要注意从每个角落欣赏均应具有美感。餐厅花艺可以是干花也可以是鲜花，但应选择清爽、亮丽的颜色以增加食欲，花色的选择还要考虑桌布、桌椅、餐具等的色彩和图案（图4-33）。

3. 卧室花艺

若空间不够大、空气不够流通，则不宜摆放过多花卉植物，因为花卉植物在夜间不进行光合作用，不仅呼出二氧化碳，还要吸收氧气，有害健康。因此，在卧室中可以摆放一些干花，根据床品、窗帘的颜色选择相应的干花放在床头柜或梳妆台上作为装饰，以营造温馨的环境。

图4-33

4.6.4　不同居家风格植被的选择

新中式居室贵在至简，在室内布置上不提倡用华而不实的装饰去填充，在植物搭配上更是如此。

梅花凌寒独自开，一身傲骨，自古以来便受到文人雅士的喜爱，将其选为居室装饰是最为适宜的。在中式茶几上摆放一盆梅花，其鲜艳的红色能够提亮整体色感。除此之外，还可摆放象征君子高尚品格的植物，如兰草、青竹等，或讲究方正、平稳气韵的植物，如龟背竹、发财树等。

北欧设计中尤其喜欢利用多种绿植进行搭配，仙人掌、散尾葵、龟背竹、多肉植物在北欧设计中极为常见。绿色一直以来被视为北欧设计中的主要色系。

现代简约风格的家居设计以简洁明快为主要特点，同时张扬个性，色彩和造型方面的设计都较为大胆，是家居界的百搭风格。

欧式家居风格向来追求尊贵典雅的气质，这种华丽的空间很适合用花朵繁复的玫瑰、向日葵、非洲菊来衬托。比起中式风格注重观叶，欧式风格更注重观赏花朵本身，室内置花也以水养插花为主。

4.6.5　不同环境的植物种植

1. 适合室内种植的植物

挑选居家植物时一定要综合考虑家里的朝向、装修风格、植物占地面积等因素，最好挑选适应本地气候条件、易存活的植物。适合室内种植的植物有吊兰、仙人掌、芦荟（图4-34）、君子兰、常

图4-34

春藤、绿萝、龟背竹、散尾竹等，它们可以清除室内的甲醛，有利于清新空气；在窗台等靠近光的位置，适合摆放喜阳植物，如非洲茉莉；如果想在阳台上实现家庭园艺梦，则尽量选择好养护、观赏性强且花期长的品种，如天竺葵、四季海棠等。

2. 适合室外种植的植物

（1）一年生植物。适合养在室外的盆栽花卉有很多种。如今家庭外的私人空间越来越小，可以将这些植物布置在门廊、院子或阳台上。某些一年生的观赏花卉容易养护、花期长，如常见的百日草、金鱼草、金盏花、万寿菊、矮牵牛等，它们的色彩非常艳丽，花朵精美，且开花的花量很多，它们能够适应室外干燥和炎热的环境，在阳光下也能够保持良好的生长状态，需要做的就是定期补充水分，偶尔补充一点肥料（图4-35）。

（2）多年生植物。可以养一些多年生植物，最好是比较耐旱和喜欢光照的多年生开花植物，如图4-36所示。如果光照比较充足，可以养薰衣草、扶桑花、石竹花、秘鲁百合等适合生长在花盆里的多年生开花植物。这些花卉比较喜欢光照，不能养在过度遮阴的地方，且它们比较耐旱，害怕水涝，养护期间要避免频繁浇水。

图 4-35

图 4-36

3. 不适宜在室内摆放的植物

（1）太香的花。素馨花、夜来香、瑞香、香水百合、丁香等花香比较强烈，闻久了容易失眠、头晕、胸闷。这类花可以放到阳台、露台等处，让室内空气清新，也不影响人的生活。

（2）大型植物。大型植物会造成室内氧气浓度降低，容易引发胸闷、做噩梦的问题，影响人休息。

（3）易引发过敏的植物。与五色梅、郁金香、洋绣球等花卉散发的微粒接触过久，皮肤会过敏、发痒，特别对于一些过敏体质的人来说，很容易出现皮肤瘙痒的问题。可以在卧室放几盆绿萝、虎尾兰、吊兰，其不仅观赏效果佳，还可以起到净化空气的作用。

（4）有毒的绿植。

①曼陀罗：花色妖艳，其花叶有致幻的效果，误食后会出现晕睡、痉挛的症状。

②黄杜鹃：鲜艳美丽，含有闹羊花毒素、马醉木毒素等有毒成分，毒性比较强，如果误食会出现腹泻、呕吐或痉挛的症状。

③含羞草：与含羞草碱长时间接触，可能会引发脱发、眩晕的问题，因此不要将它放在卧室中（图4-37）。

④花叶万年青：果实毒性很大，如果误食，会引起舌头、咽喉肿痛，甚至没办法开口说话，严重的甚至会造成恶心、腹泻等。

4. 有益的植物

有益的植物如虎尾兰、绿萝、龟背竹、芦荟、吊兰、常春藤、龙舌兰、扶郎花、白掌和孔雀竹芋等。

虎尾兰可以吸收室内80%以上的有害气体，无疑是吸收甲醛效果极佳的植物。很多人会在新装修好的房子中摆放一盆虎尾兰，其既美观又可净化空气。

龟背竹作为一种四季常绿的观叶植物，其厚实的叶片看起来非常舒心，它可以清除空气中的甲醛等有害物质，被人们称为天然的清道夫。

图 4-37

任务实施

为新中式项目方案的客厅选择对应的花品与绿植。

学习检测

一、填空题

1. 花品按地域不同可分为_____和_____；按造型不同可分为_____、_____、_____。
2. 花艺风格搭配与应用有_____、_____、_____。
3. 餐厅花艺花色的选择要考虑_____、_____、_____等的色彩和图案。
4. _____、_____、_____、_____等绿植在北欧设计中极为常见。
5. 现代简约风格的家居设计以_____为主要特点。

二、单选题

1.（　　）一直以来被视为北欧设计中的主要色系。
　　A. 绿色　　　　　　　　B. 黄色　　　　　　　　C. 蓝色　　　　　　　　D. 红色
2. 下列可以在室内摆放的植物是（　　）。
　　A. 大型植物　　　　　　B. 太香的花　　　　　　C. 易引发过敏的植物　　D. 有益的植物
3. 易引发过敏的植物是（　　）。
　　A. 绿萝　　　　　　　　B. 郁金香　　　　　　　C. 虎尾兰　　　　　　　D. 吊兰
4. 一年生植物是（　　）。
　　A. 薰衣草　　　　　　　B. 扶桑花　　　　　　　C. 万寿菊　　　　　　　D. 石竹花
5.（　　）是在适合室内种植的植物。
　　A. 绿萝　　　　　　　　B. 万寿菊　　　　　　　C. 矮牵牛　　　　　　　D. 扶桑花

三、简答题

1. 简述花艺摆放的注意事项。

2. 简述新中式居室植被的选择。

3. 列举不适宜在室内摆放的植物，并说明原因。

4. 简述欧式家居设计中植物的选择。

5. 简述软装花品分类并举例。

学习评价

"个人自评打分表"见附录2。

"学生互评打分表"见附录3。

"小组间互评打分表"见附录4。

"教师评分表"见附录5。

▌导读

　　每个人都有不同的喜好，每个人的喜好都有独特的故事，把自己喜欢的东西收藏起来，整整齐齐地、有设计性地摆放在一起，会使居室氛围更加别致。

任务目标

了解软装画品藏品与饰品实际应用。

知识准备

4.7.1　收藏品

　　每个人都有不同的喜好，每个人的喜好都有独特的故事，把自己喜欢的东西收藏起来，整整齐齐地、有设计性地摆放在一起，会使居室氛围更加别致。收藏品也可以作为装饰品，这样既实用又美观，还保留了自己喜欢的东西，一举三得。

1. 墙面装饰

　　（1）照片墙装饰。照片墙设计是墙面装饰的方式之一，它对室内装饰会产生意想不到的效果。优秀的照片墙设计不仅能够装饰墙面，还能给家居生活带来创意（图 4-38、图 4-39）。

微课：软装画品
藏品与饰品实际
应用

图 4-38

图 4-39

（2）悬挂艺术品装饰。悬挂艺术品包括悬挂画、悬挂材料、手工艺品、挂毯等，一般与装修风格一致，从而营造整体的气氛（图 4-40、图 4-41）。

图 4-40

图 4-41

（3）台面装饰。台面装饰是指摆放在桌子、茶几、柜子等台面上的装饰，通常可以摆放托盘、相框、花瓶、果盘、茶具、书籍、工艺小摆件等。往往一件小饰品可以产生意想不到的效果，如造型独特的烟灰缸、工艺讲究的水杯等，其既是实用品，又是艺术品，效果非常好（图 4-42）。

2. 画品选择

画品可根据家居装饰的风格选择，主要考虑画品风格，画框的材质、造型，画品的色彩等因素。

（1）如何确定画品风格。中式风格空间可以搭配书法作品、国画、漆画、金箔画等；现代简约风格空间可以搭配现代题材或抽象题材的装饰画；前卫时尚风格空间可以搭配抽象题材的装饰画；田园风格空间可以搭配花卉或风景画等；欧式古典风格空间可以搭配西方古典油画。

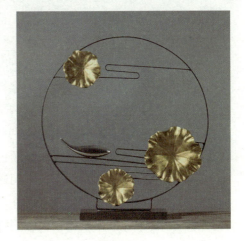

图 4-42

（2）如何确定画框材质。流行的装饰画框材质多种多样，有木线条、聚氨酯塑料发泡线条、金属线框等，可根据实际的需要进行搭配。

（3）如何确定装饰画的色彩。装饰画的色彩要与环境主色调协调，最好的办法是画品色彩主色从主要家具中提取，而点缀的辅色从饰品中提取。

（4）如何确定画品数量。画品选择坚持"宁少勿多、宁缺毋滥"的原则，在一个空间环境里形成一两个视觉点即可。

3. 如何挂画

挂画方式直接影响情感表达和空间协调。

（1）挂画的位置。一般情况下有四个黄金美学布置点，即沙发背景墙、床头背景墙、餐桌背景墙、玄关背景墙。

（2）挂画的高度。为了便于欣赏，一般要求摆设的工艺品高度和面积不超过画品的1/3，并且不能遮挡画品的主要表现点。挂画的高度应根据画品的大小、类型、内容等实际情况进行调整。

①根据"黄金分割线"来挂画，画品的"黄金分割线"距离地面 140 ～ 150 cm 的水平位置为最佳挂画高度。

②以主人的身高作为参考，画的中心位置在主人双眼平视高度再往上 100 ～ 250 mm 的高度较为合适。

③一般最适宜挂画的高度是画的中心离开地面 1.5 m 左右。在实际操作中需要根据画品的种类、大小和空间环境的不同进行调整，不断调试，进行适当的高度调节，使看画最直接、最舒服。

（3）挂画的比例。以沙发为参照物，建议挂画的组合长度取沙发总长度的黄金比例 0.618，即挂画总长度＝沙发总长度×0.618。注意装饰画与家具之间墙面的留白部分。整体布局呈中轴对称形式，可以使整体空间的视觉效果更为舒适、自然。

（4）挂画的方法。

①对称挂法。一般为 2 ～ 4 幅装饰画，以横向或纵向的形式均匀对称分布，以中轴对称的形式进行装饰画布局，该方法往往赋予人们视觉与心理上的宁静和谐之美。

②均衡挂法。与对称挂法相似，均衡挂法较为适合色系或内容为同一系列的装饰画，画与画之间的间距最好小于单幅画的1/5，装饰画的总长度略小于被装饰家具。

③下水平线齐平挂法。在下水平线齐平的基础上，挂画组合可随心而设，整体布局自由灵活，只保持画框材质和颜色风格的统一性，且整体挂画组合为长方形即可。

④上水平线齐平挂法。与下水平线齐平挂法同理，在规整中求变化，在变化中求统一。

⑤重复挂法。装饰画的尺寸、色调、风格相同，布局呈队列形式，整齐有致。

⑥中线挂法。装饰画集中在一条水平线上，一般以中央装饰画为主，以两侧装饰画为辅，左右平衡，给人以视觉感官上的统一与和谐。

⑦对角线挂法。其对象可以是两幅画作，也可以是多幅画作，整体装饰画布局以画幅中对角线为基准进行有层次的排布。一般画作颜色都取自周围环境，可令空间的整体效果更为协调。

⑧方格线挂法。不同材质、不同样式的装饰画构成一个方框，随意又不失整体感。

⑨放射式挂法。以大幅挂画为中心，周围小挂画呈发散状排布，布置较为灵活，每幅画的风格可以不同，只要保持整体视觉效果协调统一即可。

⑩搁板衬托挂法。用搁板衬托装饰画，省去了计算位置、墙上钉钉的麻烦，可以在层板的数量和排列上做变化。搁板的承重能力有限，更适宜展示多幅轻盈的小画。搁板上最好有沟槽或遮挡条，以免画框滑落，发生意外。

4.7.2 画品的陈设

1. 玄关

首先，应选择格调高雅的抽象画或静物、插花等题材的装饰画来展现主人优雅高贵的气质；其次，要选择利于和气生财、和谐平稳的挂画；最后，建议画作不要太大，以精致小巧为宜。

2. 客厅

客厅的挂画一般以挂在客厅中大面墙上为宜，挂画的色彩和图案应清爽、柔和、恬静、新鲜。

3. 餐厅

一般餐厅可搭配一些人物、花卉、果蔬、插花、静物、自然风光等题材的挂画，用以营造热情、好客、高雅的氛围；在吧台区还可挂洋酒、高脚杯、咖啡器具等现代图案的油画。

建议画的顶边高度在空间顶角线下 60～80 cm，并以居餐桌中线为宜，而分餐制西式餐桌由于体量大，油画挂在餐厅周边壁面为佳。餐厅画品尺寸一般不宜太大，以 60 cm×60 cm、60 cm×90 cm 为宜，采用双数组合符合视觉审美规律。

4. 卧室

卧室配画要凸显温馨、浪漫、恬静的氛围，以偏暖色调为主，如绽放形象的花卉画、意境深远的朦胧画、唯美的古典人体画等都是不错的选择。尺寸一般以 50 cm×50 cm、60 cm×60 cm 两组合或三组合，单幅 40 cm×120 cm 或 50 cm×150 cm 为宜。挂画距离：底边距离床头靠背上方 15～30 cm 处或底边距离顶部 30～40 cm 处最佳，也可在床尾挂单幅画。

5. 书房

书房应搭配静谧、优雅、素淡风格的画作，力图营造一种愉快的阅读氛围，并借此衬托"宁静致远"的意境。

6. 卫生间

卫生间挂画可以选择清新、休闲、时尚的画作，如以花草、海景、人物等为内容的画作，尺寸不宜太大，也不要挂太多，起到点缀作用即可。

7. 走廊

走廊空间一般比较窄长，以 3～4 幅为一组的组合油画或同类题材油画为宜。悬挂时可高低错落，也可顺势悬挂。复式楼或别墅楼梯拐角处宜选用较大幅面的人物、花卉题材画作。

任务实施

为欧式风格项目方案选择一套画品藏品与饰品。

一、填空题

1. 装饰材料的选用，应考虑便于_____、_____、_____。

2. 装饰画可以摆放在室内的_____、_____的空间。

3. "王""后"宅间的产品工艺，是以_____、_____、_____为主。

4. 确定画品数量时，应坚持_____的原则。

5. 挂画首先应选择好位置，一般情况下有四个黄金美学布置点：_____、_____、_____、_____。

6. 在确定画品风格时，对于中式风格空间可以选择_____、_____、_____、_____等。

二、单选题

1. （　　）的家装配上简单的抽象画，能够起到营造空间氛围的作用。

    A. 欧式风格　　　　　　B. 现代风格　　　　　　C. 美式风格　　　　　　D. 地中海风格

2. 下列不属于悬挂艺术品的是（　　）。

    A. 悬挂画　　　　　　　B. 悬挂材料　　　　　　C. 手工艺品　　　　　　D. 书籍

3. 为了便于欣赏，一般要求摆设的工艺品高度和面积不超过画品的（　　）为宜，并且不能遮挡画品的主要表现点。

    A. 1/3　　　　　　　　B. 1/2　　　　　　　　C. 1/4　　　　　　　　D. 1/5

4. 一般最适宜挂画的高度是画面中心离开地面（　　）m左右。

    A. 1.5　　　　　　　　B. 2　　　　　　　　　C. 2.5　　　　　　　　D. 3

5. 卫生间挂画可以选择（　　）的画面。

    A. 静谧、优雅　　　　　　　　　　　　　B. 温馨、浪漫

    C. 清爽、柔和　　　　　　　　　　　　　D. 清新、休闲、时尚

三、简答题

1. 简述如何确定画品风格。

2. 挂画的方法有哪些？

3. 简述卧室内画品陈设的注意事项。

4. 如何控制挂画高度？

5. 简述如何进行墙面装饰。

"个人自评打分表"见附录2。

"学生互评打分表"见附录3。

"小组间互评打分表"见附录4。

"教师评分表"见附录5。

工作任务 **4.8**
软装日常用品实际应用

┃导读

软装日常用品一般包括实用性器皿、藏书、蜡烛与烛台、茶席与茶具等。

任务目标

了解软装日常用品实际应用。

知识准备

软装日常用品一般包括实用性器皿、藏书、蜡烛与烛台、茶席与茶具等。

4.8.1 实用性器皿

实用性器皿是为生活而创造的艺术品，它们不仅可以美化生活、充实生活，更可以发展生活、创造生活，生活是它们的本质。生活的美是实用性器皿的主旋律，实用与审美的统一是它们的基本功能。实用性器皿包括生活中常见的杯、盘、罐、壶、盒、炉、筷子、碗、果篮、烟灰缸、鱼缸等。

在选择器皿时，要注重与周围环境色彩协调，如苹果绿色墙面配金色器皿、藕荷色墙面配白色器皿、白色墙面配奶黄色或浅棕色器皿等。如在室内摆放老式家具，可选择厚重、富丽的器皿；在室内摆放现代家具则可选择简洁、轻便、浅淡、明亮的器皿。

微课：软装日常用品实际应用

在选购餐具器皿时，可以参考以下建议。

（1）质量好的陶瓷餐具，其外观光洁如玉，胎型平稳周整，釉彩和谐光亮（图4-43）。

（2）用手指轻弹瓷器，能发出清脆的叮当声，说明坯胎细密、烧结好。

（3）规格。24头餐具、54头餐具，碗、盆、盘及各种小杂件规格齐全，摆置美观，适合家庭宴请之用。由 1 个圆盘和 6 个扇形盘组合而成的餐盘也很受青睐。

选购玻璃餐具时应注意形状规范、尺寸合适、图案清晰、色彩调和，坚固性和耐热性佳，无气泡、斑纹、厚薄不匀等现象。

4.8.2　藏书

书籍是文化的象征，与人们的生活息息相关，在居家生活中，大多数人会收藏一定的书籍，这不仅能够满足人们的阅读需求，更能凸显居室空间高雅、清新的文化艺术气氛。

4.8.3　蜡烛与烛台

在满足对怀旧、浪漫、时尚追求的同时，越来越多的人喜欢用蜡烛和烛台装饰居室环境，以烘托高雅的情调。随着现代家具的普及，蜡烛与烛台已经成为一种对怀旧格调的追忆和点缀（图 4-44）。

图 4-43

图 4-44

市场上烛台的款式比较多，一般可分为欧式和中式两种，可以根据家庭装修风格选择合适的烛台。烛台在材料上以铁质居多，铁质烛台容易清理、不易碎，而且与任何家装风格都能很好地搭配，但是铁质烛台颜色过于单一，如今市面上比较流行有机玻璃材质的烛台，它能弥补铁质烛台颜色单一的缺点。现代的蜡烛装饰品已经不是以前的形式单一的柱状蜡烛，而是有多种样式和颜色，可根据蜡烛的样式选购与之搭配的烛台，如水晶烛台可搭配一些玫瑰状、带有花香的蜡烛，这样更能烘托浪漫的气氛。

4.8.4　茶席与茶具

茶道是一种以茶为媒的生活礼仪，也是一种修身养性的方式，通过沏茶、赏茶、饮茶可以增进友谊。茶席与茶具无论在表现形式上还是在制作工艺上都是丰富多彩的。其艺术风格独特、清新优雅、装饰细腻、工艺精湛，装饰风格倾向于对自然的描绘。通过茶席与茶具对室内进行装饰，更能凸显主人对高品位生活的追求（图 4-45）。

图 4-45

不同的茶品适合选用不同的茶杯，如细嫩的名优绿茶，可用无色透明玻璃杯冲泡，也可选用白色瓷杯冲泡。无论冲泡何种细嫩名优绿茶，茶杯均宜小不宜大。

高档花茶可用玻璃杯或白瓷杯冲泡，以显示其品质特色，也可用盖碗或带盖的茶杯冲泡，以防止香气散失；普通低档花茶，则用瓷壶冲泡，可得到较理想的茶汤，保持香味。

工夫红茶可用瓷壶或紫砂壶冲泡，然后将茶汤倒入白瓷杯饮用。红碎茶体型小，用茶杯冲泡时，茶叶悬浮于茶汤中，不方便饮用，所以宜用茶壶冲泡。

青茶宜用紫砂壶冲泡，袋装茶可用白瓷杯或瓷壶冲泡。此外，使用盖碗冲泡红茶、绿茶、黄茶、白茶也是可取的，并且需要选择适合各大茶类的茶具颜色。如绿茶类宜选用透明无花、无色、无盖玻璃杯，或白瓷、青瓷、青花瓷无盖杯。

黄茶类宜选用奶白瓷、黄釉颜色瓷，以及以黄、橙为主色的五彩壶杯具、盖碗和盖杯。

红茶类宜选用紫砂（杯内壁上白釉）、白瓷、白底红花瓷，各种红釉瓷的壶杯具、盖杯、盖碗。红碎茶宜选用紫砂（杯内壁上白釉）及白、黄底色描橙、红花和各种暖色瓷的茶具。

白茶类宜选用白瓷或黄泥炻器壶杯，或用反差极大且内壁有色的黑瓷，以衬托白毫。

轻发酵及重发酵类青茶，宜选用白瓷或白底花瓷壶杯具或盖碗、盖杯；半发酵及轻焙火类青茶，宜选用朱泥或褐系列炻器壶杯具；半发酵及重焙火类青茶，宜选用紫砂壶杯具。

花茶类宜选用青瓷、青花瓷、斗彩、五彩等品种的盖碗、盖杯、壶杯套具。

任务实施

一、方案设计

以小组为单位，选择一套适用于中式风格客厅的日常用品进行设计。

二、学生小组分配

"学生任务分配表"见附录1。

学习检测

一、填空题

1. 软装日常用品一般包括_____、_____、_____、_____等。

2. 生活的美是实用性器皿的主旋律，_____是它们的基本功能。

3. 市面上烛台的款式比较多，一般分为_____和_____两种，可以根据家庭装修风格选择合适的烛台。

4. 花茶类宜选用_____、_____、_____、_____等品种的盖碗、盖杯、壶杯套具。

5. _____能够满足人们的阅读需求，更能凸显居室空间高雅、清新的文化艺术气氛。

二、单选题

1. 下列不是实用性器皿的是（　　　）。

    A. 杯、盘、罐　　　　　　　B. 壶、盒、炉　　　　　　　C. 筷子、碗、果篮　　　D. 茶具

2. 选择器皿时，要注重与周围环境色彩协调，下列选项中搭配不合适的是（　　　）。

    A. 苹果绿色墙面配金色器皿　　　　　　　　　B. 藕荷色墙面配白色器皿

    C. 白色墙面配奶黄色或浅棕色器皿　　　　　　D. 粉色墙面配金黄色器皿

3. 选购玻璃餐具时，下列选项中不能选购的是（　　　）。

    A. 形状规范的餐具　　　B. 尺寸合适的餐具　　　C. 厚薄不匀的餐具　　　D. 图案清晰的餐具

4. 越来越多的人喜欢用（　　　）装饰居室环境，以烘托高雅的情调。

    A. 书籍　　　　　　　　B. 茶具　　　　　　　　C. 实用性器皿　　　　D. 蜡烛与烛台

5. 茶道是一种以茶为媒的生活礼仪，也是一种修身养性的方式，其不包括（　　　）。

    A. 沏茶　　　　　　　　B. 赏茶　　　　　　　　C. 选茶　　　　　　　D. 饮茶

三、简答题

1. 选购餐具器皿时，有哪些注意事项？

2. 简述对于不同的茶品如何选用茶杯。

3. 适用于中式风格客厅的日常用品有哪些？

4. 选购蜡烛与烛台时，有哪些注意事项？

5. 选用实用性器皿时，有哪些原则？

学习评价

"个人自评打分表"见附录2。

"学生互评打分表"见附录3。

"小组间互评打分表"见附录4。

"教师评分表"见附录5。

工作领域 5

软装设计制作

了解软装方案设计相关重点、软装方案制作的常用软件和简单操作流程、软装方案的衡量标准、软装方案表现的常见形式。

能够运用相关理论，鉴赏、评价软装设计案例，并熟练运用相关软件进行软装方案表现。

培养工匠精神，注重对特色文化的挖掘，提升生活品质，以主题性、高品质来体现文化自信。

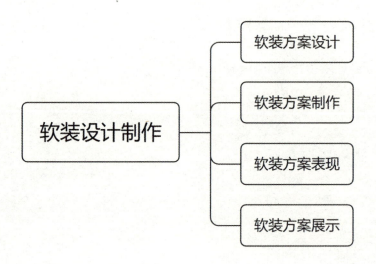

工作任务 **5.1**
软装方案设计

任务目标

了解软装方案设计相关重点。

知识准备

软装方案设计内容包括封面、目录、项目分析、设计立意、设计说明、灵感溯源、风格定位、色彩和材质定位、格调定位、原始平面图、调整后的平面图、软装产品布局及效果展示。其中，软装产品布局包括家具方案、家具表、灯具表、布艺表明细、布艺方案、配饰方案及明细等。

5.1.1　封面

封面是一个软装方案给甲方的第一印象，非常重要。封面的内容一般除标明"项目软装方案"外，整个排版要注重设计主题的营造，让客户从封面中就能感觉到软装方案的大概方向，从而引起客户的兴趣。

微课：
软装意向表达

5.1.2　目录

根据软装方案类型的不同需要设计不同的目录。一般居住空间可以按照主人一天的生活脉络设计流程，而商业空间应该根据人流动向和营销需求设计流程。

目录可以标明实际空间名称，也可以为每个空间设计起一个概括性的名称，以便于故事情节的展开。例如，客厅沙发部分的陈设可以表述为"悠闲的浪漫下午茶时间"。

5.1.3　项目分析

项目分析要结合区域分析、户型分析、客户分析综合进行。例如，在一个高级别墅住宅的软装方案中，该别墅周围有湖泊景观，环境清幽，在空间分析中设计师便提出将主卧室空间设计为休息与休闲共用，以增加舒适度的建议。因此，在项目分析时要考虑项目所处地理位置、周边环境及设计定位，结合户型对现有空间进行结构分析，提出有针对性的设计建议。

5.1.4　设计立意

一般从设计的历史文脉、风格流派、故事演绎、设计思路来阐述设计立意，逐步深入以打动客户。对设计立意和元素的表达可以采用流动的思维，如设计师可以从大漠骆驼、异域风情的角度进行故事演绎，也可以从黄沙、绿植方面汲取设计元素，凝练空间主色调，展示生活方式。有故事的设计立意会引发客户的共鸣，从而确定设计风格。

5.1.5　设计说明

设计说明部分可根据具体项目要求，简短或详细地描述设计师要表达的设计理念，它是整个软装方案的文本纲领。除注意文本的描述精准外，此部分的排版及字体的选择也要非常讲究，一定要切合主题，大气洒脱。

5.1.6　灵感溯源

灵感溯源是指设计师展开项目设计时，说明创意的源泉从何而来。软装方案应该从什么角度切入才能完美地表达整个空间，这是软装设计师不断思考和积累的结果。灵感的来源是非常多样的，借鉴硬装的设计元素也是其中一个方向。

5.1.7　风格定位

近几年，装饰风格不断演变，更多的设计师喜欢将硬装与软装混搭，别有一番风味。软装属于商业艺术的一种，不能说某种风格一定是好还是不好，只要适合客户的就是好的。设计师可根据实际情况来决定采用某种纯粹的风格还是混搭风格。

5.1.8　色彩和材质定位

1. 色彩定位

在一套软装方案中，色彩具有无可比拟的重要性，同样的摆设手法，会因为色彩的改变，气质完全不同。软装色彩应遵循所有设计的色彩原理，一个空间要有一个主色调，一个或两个辅助色调，再搭配几个对比色或邻近色。在软装设计中，设计主题确定之后，就要考虑空间的主色系，应运用色彩带给人的不同心理感受进行规划。

2. 材质定位

优秀的软装设计师要非常了解软装所涉及的各种材质，不但要熟悉每种材质的优劣，还要掌握如何通过不同材质的组合来搭配合适风格的空间。例如，要想打造一个清爽的地中海风格空间，家具应尽量选择开放漆，木料应尽量选择橡木或胡桃木，布料尽量选择棉麻制品，灯饰应尽量选择铁艺制品，这样搭配的空间会将把舒适、休闲、清新的地中海风格表达得淋漓尽致。

每一种材质都有其独有的气质，一定要通盘思考整个空间的设计要素，硬装的材质也要考虑在内。表 5-1 所示为常用材质的气质，供读者参考。

表 5-1　常用材质的气质

材质	气质
木材	自然、贵气、舒适、高档
棉	有亲和力、舒适度非常高
麻	自然、透气性强
丝绸	细腻、柔滑
玻璃	通透、清澈
水晶	晶莹剔透、有品质感
不锈钢	时尚、冷酷
黑檀	具有纹理美、高档感
陶器	自然、质朴
瓷器	华贵、雅致
铜	富贵

5.1.9　软装产品布局

软装产品布局是对软装方案的深入，这依赖于前期的项目分析及设计立意环节，可选择合适的软装产品，从家具摆场搭配、饰品组合方式、灯光聚焦等方面进行软装产品布局，还要注意家具应该与装修风格匹配。一般情况下，可以提出两种或三种不同倾向的软装方案，如冷暖色调在家具组合中的运用。选取合适的家具进行组合搭配，形成最终的软装方案，是本工作任务的难点。

5.1.10　效果展示

效果展示是对软装场景设计进行完整的表达。这也是软装表现中最重要的一步，运用 Photoshop、3ds Max 等软件制作出软装产品设计搭配的效果图，这部分内容在之后会做出详细解说。

任务实施

一、完成材质定位品种思维导图

二、案例总结

一、填空题

1. 软装产品布局包括家具方案、_____、_____、_____、布艺方案、_____等。
2. _____是软装方案给甲方的第一印象，非常重要。
3. _____部分指的是设计师展开项目设计时，说明创意的源泉从何而来。
4. _____是对软装场景设计进行完整的表达。
5. 同样的摆设手法，会因为_____的改变，气质完全不同。

二、单选题

1. 根据软装方案类型的不同，设计不同的（　　　）。
   A. 目录　　　　　　　　B. 封面　　　　　　　　C. 设计立意　　　　　　D. 项目分析
2. 下列选项中，不是设计立意的来源的是（　　　）。
   A. 历史文脉　　　　　　B. 风格流派　　　　　　C. 故事演绎　　　　　　D. 设计说明
3. 项目分析不包含（　　　）。
   A. 区域分析　　　　　　B. 能力分析　　　　　　C. 户型分析　　　　　　D. 客户分析
4. 灵感的来源是非常多样的，借鉴硬装的设计元素也是其中一个方向，这种说法（　　　）。
   A. 正确　　　　　　　　B. 不正确　　　　　　　C. 不确定　　　　　　　D. 可能正确
5. 一个空间的主色调通常为（　　　）个。
   A. 一　　　　　　　　　B. 两　　　　　　　　　C. 三　　　　　　　　　D. 多

三、简答题

1. 简述要打造一个清爽的地中海风格空间，应如何选择色彩与材质。
2. 一个完整的软装方案设计包括哪些内容？
3. 简述项目分析的注意事项。
4. 简述灵感溯源的方向。
5. 如何做好色彩和材质定位？

学习评价

"个人自评打分表"见附录2。
"学生互评打分表"见附录3。
"小组间互评打分表"见附录4。
"教师评分表"见附录5。

工作任务 **5.2**
软装方案制作

■ **导读**

　　软装方案制作前期常用手绘来表达设计思路，初步完成设计构思后运用 Auto CAD、Photoshop、3ds Max、酷家乐、Power Point 等软件完成软装方案制作。

任务目标

了解软装方案制作的常用软件和简单操作流程。

知识准备

微课：
软装方案制作

　　软装方案制作前期常用手绘来表达设计思路，初步完成设计构思后运用 Auto CAD、Photoshop、3ds Max、酷家乐、Power Point 等软件完成软装方案制作。

　　下面以室内家装方案设计为例来介绍软装方案制作流程，通过前期与客户的沟通，手绘草图确定平面布置图与软装设计意向。采用 Auto CAD 精准制图确定各个空间的平面布置（图 5-1）。一般主要空间有客厅、卧室、餐厅、厨房、卫生间。之后，依据平面功能布局构思手绘软装效果。为了更好地表现平面功能布局，可以借助 Photoshop 进行彩色平面图的制作，将从 Auto CAD 中导出的图纸放置到 Photoshop 中新建图层，对墙体进行填充，选用适当的材质对地面、家具进行填充，增加灯光、阴影等以产生层次感，最后完成一张彩色平面图的制作。

　　手绘如何体现软装方案？在手绘设计过程

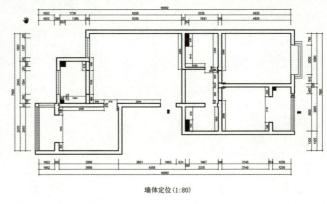

墙体定位(1:80)

图 5-1

中，既可以表达设计思路，也可以表现设计效果。手绘表现具有准确性、真实性和艺术性等特点。设计手绘不能脱离实际的尺寸，也不能随心所欲地改变形体和空间的限定，要兼顾空间的真实感，注重对空间气氛的营造。以卧室空间软装布置为例，首先构建空间，然后绘制家具、软装元素，再将线稿上色，完成效果图的绘制。最后可以利用 3ds Max、酷家乐等软件搭建场景，完成各个空间效果图，创建虚拟仿真链接。

任务实施

利用 Photoshop 完成一张室内家装设计方案的彩色平面图。

学习检测

一、填空题

软装方案制作前期常用_____来表达设计思路，初步完成设计构思后运用_____、_____、_____、_____、_____完成软装方案制作。

二、简答题

手绘如何体现软装方案？

学习评价

"个人自评打分表"见附录2。
"学生互评打分表"见附录3。
"小组间互评打分表"见附录4。
"教师评分表"见附录5。

工作任务 **5.3**
软装方案表现

▌ **导读**

　　软装方案的衡量标准，可以从项目分析、设计立意、软装产品布局、效果展示几个方面考量，同时，在做软装方案汇报时，还要掌握一定的汇报技巧，这样才能打动客户。

任务目标

了解软装方案的衡量标准。

知识准备

5.3.1　软装方案的衡量标准

　　软装方案的衡量，可以从项目分析、设计立意、软装产品布局、效果展示几个方面考量，同时，在做软装方案汇报时，还要掌握一定的汇报技巧，这样才能打动客户。

微课：
软装方案表现

5.3.2　软装方案汇报的技巧

　　作为设计师，往往会遇到这样的问题：一个非常优秀的软装方案未能被对方采纳，对方选择了一个不如自己设计的软装方案，其原因往往出在汇报软装方案的环节。做软装方案汇报，就像推销员向消费者推销自己的商品，需要一定的技巧。

1.汇报前期准备

　　（1）不打无准备之仗。提前对设计的软装方案进行详细的说明材料准备，有时设计师设计出了优秀的软装方案，但自己并不能总结出软装方案的优势，甚至自己都未发现其软装方案有哪些独创性。这时就要发挥设计团队的优势，先让同事一起参与软装方案的评比，找出软装方案的优势，并总结成完整的书面材料，如果条件允许，最好让文笔好的人润色成一篇演讲稿，然后进行软装方案汇报工作。

（2）注意汇报人员的精神面貌。首先，应注意汇报人员的着装，汇报方案时，即使不穿正装，也要穿戴整齐，尽量给对方留下一个好印象。其次，精神面貌是关键，汇报人员应尽量保证充足的休息时间。

（3）选定合适的汇报人员。大多数情况下，由软装方案设计师自己进行软装方案汇报，毕竟自己设计的软装方案自己最了解。设计师毕竟不是演讲家，不要求其在介绍软装方案时慷慨激昂、激情四射，只要条理清晰、准确无误地表达出设计构思即可。汇报人员声音小、地方口音浓重或怯场，都会严重影响汇报的效果，所以，不能苛求每个优秀的设计师都是优秀的演说家。如果设计师有表达方面的障碍，应另找一个表达能力强的人汇报软装方案，在互动提问环节，再由软装方案设计师解答问题。

2. 汇报过程

（1）埋下伏笔，汇报软装方案就像对他人讲述故事，通过优美的故事性序言引导听众思路，从而产生共鸣。最好事先把目录有条不紊地陈列出来。

（2）强调重点，事先组织好想要表达的内容，精炼语言。

（3）给客户留出想象余地，让客户想象自己在生活空间中的场景。说明软装方案时，将事物由抽象变为实际，只做简单有力的叙述，会给客户留下更多想象空间，使汇报内容更丰富。

（4）想象客户现在想听到什么，客户看到软装方案中的图像时会有什么感觉。在汇报讨论过程中，设计师应期待客户无意间提出的想法，这些想法体现了客户的兴趣。

（5）客户的提问体现了其喜好和价值观。要和客户成为朋友，建立一种相互信任的关系，将软装方案汇报当成与客户共同合作的过程。在与客户进行沟通交流之前，设计师需要运用专业的软装知识，从设计依据、设计理念到空间规划、色彩、灯光、材质、布艺配饰，再到软装方案成形与摆场进行细致考量，这样才能给客户更专业的建议。

任务实施

一、完成任务

模拟完成一次软装方案汇报。

二、学生小组分配

"学生任务分配表"见附录1。

学习检测

1. 简述软装方案汇报时需要做的前期准备。
2. 在客户提问环节应该从哪些方面回答问题？

"个人自评打分表"见附录2。

"学生互评打分表"见附录3。

"小组间互评打分表"见附录4。

"教师评分表"见附录5。

工作任务 **5.4**
软装方案展示

▎导读

　　优秀的软装方案能够传达出设计师的设计理念和情感。静态展示和动态展示可以作为呈现软装方案的辅助方式，能更好地帮助设计师进行表达，也能让客户更直观明了地理解软装方案。

任务目标

了解如何通过静态、动态方式完成软装方案展示。

知识准备

　　优秀的软装方案能够传达出设计师的设计理念和情感。静态展示和动态展示可以作为呈现软装方案的辅助方式，能更好地帮助设计师进行表达，也能让客户更直观明了地理解软装方案。

5.4.1　静态展示——软装排版方案

　　目前国内的软装排版方案模式有很多种，其最主要的目的是完整地表达设计思路，通过概念方案的形式传达给客户。其内容包括封面、目录、软装意向图、平面图、业主分析、风格说明、色彩和材质设计说明、效果图、家具方案、布艺方案、灯饰方案、饰品方案、画品方案、花品方案、日用品方案、项目采购清单及报价单、结束语。

微课：
软装方案展示 1

1.常用的软装排版方案

常用的软装排版方案有平铺式、透视式和海报式三种。

（1）平铺式软装排版方案。这种软装排版方案简洁明了，只要把空间所需的物品平铺到画面上即可（图5-2）。

（2）透视式软装排版方案。这种软装排版方案直观地模拟了实际空间的效果，把陈设物品用透视法展示出来（图5-3）。

图5-2 图5-3

（3）海报式软装排版方案。这种软装排版方案用夸张的海报手法表现软装方案，适用于富有独特个性的软装方案的展示（图5-4）。

2. 软装方案展示注意事项

（1）明确PPT的类型。公众演讲者的PPT与商业汇报的PPT的风格是不一样的，因此，其制作的思路、参考的范例也是不一样的。制作软装方案的PPT首先要明确设计项目的主题是什么、设计风格的倾向是什么，据此进行符合主题需求的PPT设计。如呈现奢华欧式风格、典雅中式风格的软装方案的PPT所选择的主题色调和风格差别很大。这里可以借助一些主题性模板，选择适合软装方案的主题性模板进行呈现。

图5-4

（2）内容条理清晰。条理清晰的要点在于根据逻辑和认知的规律将观众带入软装方案，切勿毫无逻辑、毫无重点地跳跃。可以先运用思维导图厘清软装方案的框架和思路。通过PPT能够按照一定的逻辑进行软装方案展示。同一层级的内容展现手法相同。当阐述某一项具体软装设计产品时，可以提出设计的立意、含义等，在PPT表现时注意用图片代替文字性质的表达，这样更容易引起人们的视觉和情感共鸣。

（3）设计定位简洁明了。PPT所呈现的是陈述的节点，切勿长篇大论。提炼出要点进行构图设计，既可防止客户失去耐心，也可让客户一眼就看到重点，与设计师的思路同步。软装方案的呈现更像是对客户讲故事，让客户跟随PPT中呈现的画面对自己未来的居住空间产生联想和想象，引起共鸣。

（4）平面展示。注重色调的协调，画面应统一、富有美感。可以借助字体样式、图案、色块、黄

微课：
软装方案展示2

金法则、图片来协调画面，同一画面内容不可过多、过杂，软装方案的内容需要精炼。

（5）空间示意。要想 PPT 具有吸引力，一定要展示令人赏心悦目的高清美图。模糊的图片会让人对 PPT 失去兴趣。另外，用普通手机随手拍摄的照片最好不要进行展示。可以用 Photoshop 或图片编辑软件调整。尤其是软装元素和产品的插图一定要有意境美，清楚直观。

（6）动画适合。一般情况下，应减少动画设置，在有需要的地方可以借助动画呈现，但是一般软装方案都比较简洁明了，因此应避免因为动画设置出现汇报不流畅的情况，打乱汇报人员的思路，影响汇报效果。

（7）软装方案展示应简约而不简单。选择一种清晰明了的字体（推荐雅黑，不推荐楷体等），字号不宜过小，保障观看者能够看清楚。选择以白色为主的背景及黑色等较深的字体颜色，选择最常见的淡入淡出动画效果。

（8）注重细节。软装方案展示中应注重设计立意、文化元素的传达与利用，可以增加一些设计细节元素。

（9）报价清单。注意报价清单的思维图形化表达。使用有趣、形象的图形、图片来阐释自己的数据或观点，要比使用抽象呆板的文字好得多。

5.4.2 动态展示——视频汇报

1．熟悉素材

剪辑师拿到前期拍摄的素材后，一定要将素材整体看一到两遍，熟悉摄影师都拍了哪些东西，对每条素材都要有大概的印象，以方便接下来配合剧本整理出剪辑思路。

2．整理思路

在熟悉完素材后，剪辑师需要结合素材和剧本整理出剪辑思路，也就是整片的剪辑架构。这个工作可能和导演探讨完成，剪辑师会提出一些建设性意见。

3．分类筛选镜头

有了整体的剪辑思路之后，接下来需要对素材进行分类筛选，最好将不同场景的系列镜头分类整理到不同的文件夹中。这个工作可以在剪辑软件的项目管理功能下完成，分类主要是方便后期的剪辑和素材管理。

4．粗剪（框架、情节完整）

将素材分类整理完成之后，下面的工作就是在剪辑软件中按照分类好的场景进行剪辑，挑选合适的镜头进行剪辑，然后将每一场景按照剧本的叙事方式拼接。这样，整部影片的结构性剪辑就基本完成了。

5．精剪（节奏、氛围）

粗剪完成之后，剪辑师还需要对影片进行精剪。精剪是对影片节奏及氛围等方面进行精细调整，对影片做"减法"和"乘法"。"减法"是在不影响剧情的情况下，修剪掉拖沓冗长的段落，让影片更加紧凑；"乘法"是使影片的情绪氛围及主题得到进一步升华。

6．添加配乐、音效

配乐是整部影片风格的重要组成部分，合适的配乐可以给影片加分，对影片的氛围节奏方面也有很大影响。好的配乐对影片至关重要，而音效可使影片的声音更有层次。

7. 制作字幕及特效

影片剪辑完成后，需要给影片添加字幕及制作片头、片尾特效。特效的制作有时与剪辑一起进行。

8. 对影片调色

所有剪辑工作完成之后，需要对影片进行颜色统一校正和风格调色，一般情况下该工作由专业的调色师完成。

9. 渲染输出影片成品

最后一步是将剪辑好的影片渲染输出，也就是导出成片。

如果想制作一个完整作品，只会 Premiere 基础操作肯定是不够的，还需要掌握设计美学理论、剪辑理论，并带入自己的想法，这样才能制作出色的作品。

任务实施

一、学生小组分配

"学生任务分配表"见附录 1。

二、完成拍摄脚本的编写

编写介绍软装方案视频的脚本。

三、完成拍摄任务

以小组为单位，选定一套软装方案，拍摄一个介绍软装方案的视频，时间为 5 分钟左右。

学习检测

一、填空题

1. _____能够传达出设计师的设计理念和情感。

2. _____和_____可以作为呈现软装方案的辅助方式，更好地帮助设计师进行表达，也能让客户更直观明了地理解软装方案。

3. 常用的软装排版方案有_____、_____、_____三种。

4. 用夸张的海报手法表现软装方案，适用于_____方案的展示。

5. 软装方案的设计定位讲究_____。

6. _____是对影片节奏及氛围等方面进行精细调整，对影片做"减法"和"乘法"。

二、单选题

1. 平铺式软装排版方案的特点是（　　　）。

　　A. 简洁明了　　　　　　　B. 具有个性　　　　　　C. 条理清晰　　　　　D. 画面协调

2. 平面展示不可以借助（　　）来协调画面。

　　A. 字体样式　　　　　　　B. 图案　　　　　　　　C. 黄金法则　　　　　D. 视频

3. （　　）是对影片节奏及氛围等方面进行精细调整，对影片做"减法"和"乘法"。

　　A. 粗剪　　　　　　　　　B. 精剪　　　　　　　　C. 镜头分类　　　　　D. 配乐

4. 要想PPT具有吸引力，要选择（　　）。

　　A. 模糊的图片　　　　　　　　　　　　　　　B. 用普通手机随手拍摄的照片

　　C. 高清美图　　　　　　　　　　　　　　　　D. 随意的图片

5. 在PPT表现软装方案时注意用（　　）代替文字性质的表达，这样更容易引起人们的视觉和情感共鸣。

　　A. 视频　　　　　　　　　B. 动画　　　　　　　　C. 表格　　　　　　　D. 图

三、简答题

1. 简述常用的软装排版方案。
2. 简述软装排版方案注意事项。
3. 简述视频汇报的一般流程。
4. 简述如何做好视频剪辑。
5. 简述常用的PPT类型。

学习评价

"个人自评打分表"见附录2。
"学生互评打分表"见附录3。
"小组间互评打分表"见附录4。
"教师评分表"见附录5。

工作领域 6

软装采购造价

知识目标

了解整理备选素材的"五个锦囊"——符合主题、符合系统性、符合功能、符合审美和价格适中，了解互联网环境下的采购渠道、造价与预算及合同签订。

能力目标

能够运用相关理论，进行软装素材的备选整理、材料采购优选，完成造价与预算、合同的签订。

素质目标

培养责任意识，具备精益求精、积极向上、与人为善、视野开阔的职业素养与品质。

思维导图

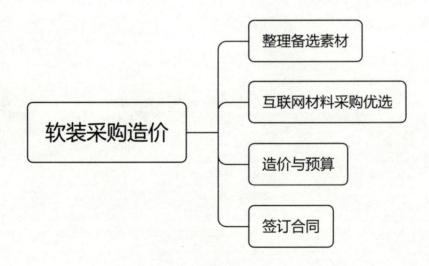

工作任务 **6.1**
整理备选素材

■ **导读**

　　对于客户关于采用欧式风格还是中式风格，现代风格还是古典风格，简约风格还是轻奢风格，以及家具的式样、色彩、材质，窗帘、灯具等的碎片化想法，设计师要在整理备选素材阶段对它们进行系统的规划与呈现。

任务目标

熟悉整理备选素材的"五个锦囊"。

知识准备

6.1.1　第一个锦囊——符合主题

符合主题就像写命题作文，而出题人就是客户。设计师要根据客户的实际需求，找到适合的软装素材，用专业术语来说，就是通过客户对未来家居生活的描述，定位软装设计风格。

微课：
整理备选素材

6.1.2　第二个锦囊——符合系统性

软装设计风格确立后，如何根据软装设计风格确定软装素材呢？只有了解各种不同的风格有什么区别，构成每种风格的元素是什么，才能进行整理。构成软装风格的元素多不胜数，每一种元素的选择、搭配一定要符合软装设计风格的系统性，否则整体家装就会出现"各自为政""群龙无首""割裂混乱"的局面，营造美好的氛围也就无从谈起。

6.1.3　第三个锦囊——符合功能

家装切忌华而不实，耐看不耐用，因此，软装设计元素一定要符合功能性，首先满足使用功能，然后满足审美功能，营造氛围，满足人的精神需求。

6.1.4　第四个锦囊——符合审美

符合审美要从以下三个方面解读。

（1）符合大众审美。这主要是要求软装设计作品符合公众共识的基础审美，如和谐、自然、真、善、美等。

（2）符合客户自身的独特性审美。客户自身的独特性审美主要有对色彩的偏好、对简单或复杂的偏好、对朴素或豪华的偏好、对纯木或皮毛的偏好、对温暖或刚冷的偏好等。

（3）符合艺术审美。符合艺术审美，也就是符合设计学中的"形式美的法则"和设计理念，如少即多、黄金分割；又如对比与调和、对称与均衡、节奏与韵律、变化与统一、比例与尺度等。

6.1.5　第五个锦囊——价格适中

2020年以后，国人在软装方面的消费和资金投入日趋理性，"只买对的不买贵的"逐渐成为消费者的共识。软装市场鱼龙混杂，对于同样的软装材料，"外行"和"内行"采买时价格往往相差悬殊。普通消费者面对"水深"的市场，常常会花冤枉钱，会有一种眼花缭乱、力不从心的无奈。软装设计师应以专业、负责的态度整理备选素材，选择最适合客户的软装产品，使消费者的钱花得"物超所值"。

任务实施

一、完成思维导图

二、任务总结

_____

_____

_____

　学习检测

一、填空题

1. 整理备选素材的"五个锦囊"是指_____、_____、_____、_____、_____。

2. 符合艺术审美，也就是符合设计学中的_____和_____。

3. 客户自身的独特性审美主要有对色彩的偏好、对简单或复杂的偏好、对朴素或豪华的偏好、对_____的偏好、对_____的偏好。

4. 软装设计元素一定要符合_____，首先满足_____，然后满足审美功能。

5. 软装设计师要根据客户的实际需求，找到适合的软装素材，用专业术语来说，就是通过客户对未来家居生活的描述定位出_____。

二、单选题

1. 整理备选素材时，类似写命题作文的工作是（　　）。

    A. 符合主题   B. 符合功能   C. 符合审美   D. 符合系统性

2. "只买对的不买贵的"对应的是整理备选素材的"五个锦囊"中的（　　）。

    A. 符合功能   B. 价格适中   C. 符合审美   D. 符合系统性

3. 下列不符合艺术审美的是（　　）。

    A. 少即多、黄金分割   B. 对比与调和、对称与均衡

    C. 节奏与韵律、变化与统一   D. 满足审美功能

4. （　　）就是要求软装设计作品符合公众共识的基础审美。

    A. 符合大众审美   B. 符合功能   C. 价格适中   D. 符合系统性

5. （　　）应以专业、负责的态度整理备选素材，选择最适合客户的软装产品。

    A. 消费者   B. 软装设计师   C. 装修公司   D. 服装设计师

三、简答题

1. 从三个方面解读"符合审美"。

2. 如何根据风格确定软装素材？

3. 符合艺术审美有哪些原则？

4. 简述整理备选素材的"五个锦囊"。

5. 客户自身的独特性审美主要有哪些？

学习评价

"个人自评打分表"见附录2。

"学生互评打分表"见附录3。

"小组间互评打分表"见附录4。

"教师评分表"见附录5。

工作任务 **6.2**
互联网材料采购优选

导读

　　家装行业中软装占比迅速提升，软装采购已经进入全新的模式，形成极具互联网思维的全包式、一站式软装平台，更多的互联网平台精心优选国内外品牌厂商及专业的软装设计师来提升自己的核心竞争力。

任务目标

理解互联网材料采购优选。

知识准备

　　家装行业中软装占比迅速提升，软装采购已经进入全新的模式，形成极具互联网思维的全包式、一站式软装平台，更多的互联网平台精心优选国内外品牌厂商及专业的软装设计师来提升自己的核心竞争力。互联网及零售巨头都开始投资软/硬装市场，网络巨头腾讯、阿里巴巴，传统卖场巨头红星·美凯龙、居然之家，以及房地产巨头碧桂园、贝壳等都开始投资软装市场，并且利用互联网创新改造家装平台，树立家装品牌。腾讯联合贝壳打造互联网家装，阿里巴巴也入股居然之家、红星·美凯龙及碧桂园创建了线上采购平台，满足客户的诸多诉求。

微课：互联网材料采购优选

6.2.1 互联网软装行业类别

　　（1）垂直品牌类。以全流程业务为主的平台，包括设计师资源、公司资源、方案案例、商家产品、在线设计、垂直服务加资源整合平台，如尚品宅配、软装到家、丽维家等。

　　（2）普通互联网软装类。线上软装设计及商品平台，包含设计师资源、方案案例、线上产品；以设计师引流的普通互联网平台，如锦华软装、满屋严选等。

（3）软装设计类。专注软装设计的互联网平台，包含设计师资源、方案案例；以设计师为主的互联网渠道平台，如宅豆、心软装、最美家等。

（4）专注软装服务类。专注提供专业软装服务平台，包含设计师资源、方案案例、线下合作品牌；以高端客户为主的软装全套服务平台，如尚层软装、美仑美家等。

（5）针对 B 端专业软装类。专业团队软装 E2E 传统模式，包括设计方案、工程、商品选型、定制、供应。其主要针对开发商、别墅，如莫菲斯、七号公馆、IN 家、佳纳软装、润柏家等。

6.2.2 具体平台介绍

京东推出了"JD 设计帮＋"软装设计服务，将线上家装设计与线下全案建立紧密结合，打造"互联网＋时代"的新型家装消费模式。

天猫家装 e 站平台，严选品牌，开创家装电商 O2O 模式，致力于重构家装行业产业链，实现商品 F2C，打造简单、快捷、透明的网上购买、线下消费的家装一站式服务。

IN 家是一家家居整体软装服务提供商，致力于为客户提供家装一站式整体解决方案。客户可通过平台选择设计风格，平台将提供一对一高端定制及 3 年质保服务。

尚品宅配作为线下销售平台，不断探索新的线上采购模式，在疫情期间一方面通过探索"新模式＋大基建"来实现新的发展，将更多的环节整合到"线上"，使"像用 App 点外卖一样定制家居"成为可能；另一方面通过"微创新"对后台系统、大数据库、云计算进行升级，以"大基建"赋能设计，从而更好地服务用户。它将收录的全国各个地区及各个小区的各种房型、不同生活阶段、不同职业标签、不同风格的设计案例与用户需求进行精准匹配，大幅提升设计效率和方案质量，将设计师解放出来，转型为顾问型服务人员，为客户提供更高效、个性化的设计服务。

红星·美凯龙致力于提供"全渠道泛家居业务服务商"，线上平台设置了多种版块，除核心品牌红星·美凯龙外，也推广多个家居装饰及家具品牌，还有家居宅配和家装版块。

以上互联网线上软装销售平台，给人们提供了有别于传统模式的线上的全服务流程。

任务实施

完成互联网材料采购优选类别思维导图。

学习检测

一、填空题

1. 降低物资采购成本的方法有_____、_____、_____、_____、_____、_____。

2. 公共资源交易的基本属性有_____、_____、_____。

3. 电子招标投标系统按功能划分为_____、_____、_____三大平台架构。

4. 材料采购方案的优选原则是_____之和最小。

5. 在互联网大势下，传统装修行业开启_____发展模式。

二、单选题

1. 价值分析／价值工程方法应用于产品规格的开发或修订时，相对于其他解决办法，其主要着眼于产品的（　　）方面。

    A. 价格   B. 所需功能和实现所需功能的最低成本

    C. 价值   D. 技术标准

2. 在进行材料采购时，应进行方案优选，选择（　　）的方案。

    A. 材料费最少   B. 材料费、采购费之和最小

    C. 采购费、仓储费之和最小   D. 材料费、仓储费之和最小

3. 在互联网大趋势下，传统装修行业开启（　　）发展模式。

    A. 数据   B. "互联网＋"   C. 全面网络时代   D. 现代化

4. 在互联网思维面前，企业应该不仅看重（　　），而更应该着重思维方式的转变。

    A. 互联网信息化   B. 传统思维   C. 便利快捷   D. 现代化

5. 建筑企业应尽快摆脱（　　）的传统思维，转型升级才能看到新方向。

    A. 规范   B. 不透明   C. 竞标拿项目   D. 消费高

三、简答题

1. 整合规范公共资源交易应当遵循哪些基本属性要求？

2. 如何降低材料采购成本？

3. 简述选择供应商的一般步骤。

4. 在拟订采购策略时，应同时考虑哪些采购情况？

5. 简述降低物资采购成本的方法。

6. 互联网软装行业包含哪些类别？

学习评价

"个人自评打分表"见附录2。

"学生互评打分表"见附录3。

"小组间互评打分表"见附录4。

"教师评分表"见附录5。

工作任务 **6.3**
造价与预算

▌导读

软装预算的制定关系到客户的软装支出，一份合理的软装预算，能让客户在软装项目中游刃有余；一份全面的报价清单可以让客户对所使用的产品一目了然，同时便于明确双方的责任。

任务目标

了解造价与预算。

知识准备

6.3.1 价格定位

软装产品品种繁多，同种类别的产品还有高、中、低档之分，材质、做工设计决定了其价值。以房产地项目为例，配置什么档次的软装产品取决于以下几个方面。

微课：
造价与预算

1. 甲方客户定位

甲方会从楼盘的位置、资源、项目本身来大概确定整个硬装和软装的费用。位置较好、售价高，销售目标针对高层次人群的楼盘，甲方一般要求软装公司配置一些质量优、材质高级、设计有风格的高档产品；而位置比较偏远，客户定位不是太高端的楼盘，甲方一般会严格控制成本，这类设计主要侧重于效果，要控制材质成本，把价格降到合理的水平。

2. 项目用途定位

一般来说，不同的项目，其软装配置的侧重点也不同，住宅类项目比较注重生活的舒适性；而办公类项目要求陈列物大气、简洁，具有艺术性，材质无须太过讲究。

6.3.2　成本核算

软装公司的成本主要由以下几部分组成。

1. 产品采购成本

软装产品的价格主要取决于品牌、材质、做工及设计理念。同样一款产品，即使外形非常接近，但若材质不同，价格也会相差非常大。用树脂材料制作然后电镀的雕塑，与完全采用不锈钢材料制作的雕塑的外形基本一样，视觉效果差别不大，但其价格完全不同；普通玻璃材料的酒杯造价为几十元，但水晶材料的酒杯造价可能为几千元。

2. 产品研发成本

优秀的软装公司都有研发中心，为了把产品效果做到更好，其会尽可能研发家具、布艺、画品等涉及的软装产品。虽然产品研发成本是一笔不小的开支，但是软装产品的知识产权是后期业绩增长的法宝，同时随着业务量的增长，成本单价也会逐步降低。

3. 产品的附加成本

在核算软装产品本身的基础成本后，一定不能忽略其附加成本，如税金、保证费、运费、安装费等。

4. 软装公司管理及运营成本

软装公司的成本中应该包含软装公司管理及运营所产生的各种费用，这需要软装公司根据自身的经验确定比例。

6.3.3　报价模板

一份全面的报价清单可以让客户对应用的产品一目了然，同时也便于明确双方的责任。一份报价清单主要包括封面、预算说明、核价单、分项报价单、项目汇总表等页面，预算完成后，合同书的编制就水到渠成了。当然，在真正的项目开始实施后，变更联系单、验收单等也会成为完整合约的组成部分。

1. 核价单

核价单是指设计师根据软装方案细化的产品列表清单。在核价单内要详细注明项目的位置、序号、所报产品的名称、图片、规格、数量、单价、总价、材质及必要的备注，并且需要分别制作家具、灯具、壁纸、窗帘、床品、软包、地毯、画品、饰品等表格，原则是根据不同的供应商制作具有针对性的核价单，制作好以后就可以发给相应的合作商确定产品的底价。任何一个细节的缺失都有可能造成报价不准确，而且会为此后各步骤留下隐患。

2. 分项报价单

经过分项核价后，基本上可以把各项目的成本价格核算清楚，然后需要制作利润合理的分项报价单。分项报价单基本上是在核价单的基础上制作的。在编制分项报价单时，要注意根据产品的实际情况进行材质、颜色、尺寸、备注等项目的调整。分项报价单上注明的一切都是软装公司对客户的承诺，因此，要特别细致地完成分项报价单的制作，尤其要注意大件产品的运费一定要计入成本核算。

3. 项目汇总表

在分项报价单完成后，要制作一份由家具、壁纸、灯具、窗帘、床品、软包、地毯、画品、花品、饰品等各分项组成的项目汇总表。在项目汇总表中，可以很清楚地看到每个分项所需要花费的费用和该分项占整个软装项目的比例，这样，设计师和客户都能对项目的着重点非常清晰的认知。

任务实施

以小组学习的形式制作软装项目采购清单。

学习检测

一、填空题

1. 主材费包括_____、_____、_____。

2. 施工费包括_____、_____、_____。

3. 主要生产项目包括_____、_____、_____。

4. 设计费包括_____、_____、_____。

5. 软装公司的成本主要由_____、_____、_____、_____几部分组成。

二、单选题

1. 地砖规格为 200 mm×200 mm，灰缝宽为 1 mm，其损耗率为 1.5%，则 100 m² 地面地砖消耗量为（　　）块。

    A. 2 475　　　　　　B. 2 513　　　　　　C. 2 500　　　　　　D. 2 462.5

2. 设计费不包括（　　）。

    A. 量房费　　　　　　B. 风格设计费　　　　　　C. 报价费　　　　　　D. 辅材费

三、简答题

1. 简述比较容易影响软装工程预算的因素。

2. 主要软装项目有哪些？

3. 某依法必须公开招标的国有资产建设投资项目，采用工程量清单计价方式进行施工招标，业主委托具有相应资质的某咨询企业编制了招标文件和最高投标限价。简述招标文件部分规定内容。

4. 已知 1∶2 干拌水泥砂浆的基价为 408.35 元 /m³，600 mm×600 mm 抛光砖单价为 36 元 / 块，其他材料、人工及机械单价按 2010 年定额计算，暂不考虑利润。试计算块料楼地面 1∶2 干拌水泥砂浆找平层底，1∶2 干拌水泥砂浆结合层铺贴 600 mm×600 mm 抛光砖面的一类基价。

5. 已知钢化玻璃厚 19 mm，单价为 500 元 /m²，其他材料、人工及机械单价按 2010 年定额计算，暂不考虑利润。试计算座装式全玻璃幕墙（高度在 5 m 以下）的一类基价。

学习评价

"个人自评打分表"见附录 2。
"学生互评打分表"见附录 3。
"小组间互评打分表"见附录 4。
"教师评分表"见附录 5。

工作任务 6.4
签订合同

■ 导读

签订合同的流程包括酝酿阶段、提出与修改阶段、签字盖章阶段。

任务目标

了解如何签订合同。

知识准备

6.4.1 签订合同的流程

1. 酝酿阶段

所谓酝酿阶段，就是双方就合同的主要内容、各个条款进行协商讨论，然后达成意向性的、文本框架性的协议。

2. 提出与修改阶段

在该阶段由一方起草合同文本，交予对方进行修改完善，然后交由对方进行审查修改。这个过程可以经过多个回合，最终各方对合同的主要条款内容达成一致意见。

3. 签字盖章阶段

在该阶段一般由一方签字盖章，送交另一方，进行最后的签字盖章，盖章后双方互换合同文本。这就是合同签订的整个流程。

微课：
签订合同

6.4.2 把握签订合同的时机

1. 抓住客户的购买信号

所谓购买信号，是指客户在软装方案洽谈过程中有意无意地流露出来的购买与否的意向。所有的谈单都是以签订合同为目的的。有的设计师刚开始和客户谈得比较愉快，但是，如果没有在关键的时间促成签单，就会使前面的设计及谈单努力全部付诸东流。

2. 把握客户的反应信号和动作表情

在谈单过程中，当客户听完设计师的方案说明之后，一般都会在表情或动作上表现出一些有关签单与否的信号。设计师要学会察言观色，判断客户的意图，并把握这些信号和稍纵即逝的机会，勇敢地向客户提出成交建议，使销售活动走向成功。

客户的成交信号有以下几种类型。

（1）当设计师与客户沟通软装方案的细节问题，并做了详细的报价分析后，如果客户目光集中，对设计与报价总体比较满意，则设计师要及时询问签订合同的事宜。

（2）听完介绍后，客户本来面带微笑，突然神情变得紧张或由神情紧张变成面带微笑，身体向前倾斜并不断点头，这就说明客户已经做好了成交的准备，这时是签订合同的绝佳时机。

（3）客户听完介绍后，开始与第三者商量，客户与家人对望，并征求家人的意见，如果家人的眼神中透露出肯定和认同，设计师应该及时把握住这个时机签订合同。

（4）在谈单过程中，如果客户表现出相对反常的举止，如抓耳朵、挠头发、咬嘴唇、不停眨眼或坐立不安，则说明客户正在进行激烈的心理斗争，设计师应该在这时明确指出客户内心的焦虑，以便促成签订合同。

（5）在谈单接近尾声时，如果客户突然出现短暂的走神，又很快再次集中精力，则说明客户犹豫了，或者已经做出决定，这时是比较合适的签订合同的时机。

（6）当设计师介绍完方案和预算，如果客户进一步询问细节问题并翻阅图纸和预算清单，同时用计算器核对，则说明客户在考虑是否签订合同，这也是设计师促成签订合同的时机。

（7）如果一个专心聆听并且沉默寡言的客户，突然开始向设计师询问付款的问题，则表示该客户已经同意签订合同。

6.4.3 影响客户做出签订合同决定的因素

（1）害怕签订合同以后会对所选择的软装公司和设计师后悔；对软装公司不了解、不信任。

（2）害怕决策错误，造成装修费用与装修效果不符，花冤枉钱，造成家庭资金损失。

（3）害怕对家装的相关细节不了解，被欺骗；担心把钱交给软装公司以后才知道很多不利信息。

（4）害怕签订合同后将家装的控制权交给软装公司或设计师、施工队。

（5）不了解如何控制施工质量、工期、进度。

（6）不了解所签订的合同的法律依据和消费者权益保护的内容。

（7）不了解软装公司所派的施工队是否优秀，是否能尊敬客户，是否能为客户着想。

了解到影响客户做出签订合同决定的因素，设计师应该针对客户担心的问题，因势利导，让客户放心。在进行充分的讲解和沟通后，设计师要把握好时机，迅速引导客户做出最后决定及时签订合同。

任务实施

一、学生小组分配

"学生任务分配表"见附录1。

二、完成任务

拍摄一个与客户签订合同相关的情景剧。

学习检测

一、填空题

1. 当事人在合同中约定有定金和违约金的情况时，可以_____。
2. 标的物交付地点不明，且标的物不需要运输，合同当事人不知道标的物在某一地点的，应当以_____为标的交付地。
3. 承担违约责任的方式有_____、_____、_____。
4. 当事人如果认为约定的违约金过高或过低，可以_____。
5. 违约责任是指_____。

二、单选题

1. 凡发生下列情况之一的，允许解除合同。（　　　）

    A. 法定代表人变更

    B. 当事人一方发生合并、分立

    C. 不可抗力致使合同不能履行

    D. 作为当事人一方的公民死亡或作为当事人一方的法人终止

2. （　　　）不是承担违约责任的方式。

    A. 价款　　　　　　B. 赔偿金　　　　　　C. 继续履行　　　　　　D. 违约金

3. 合同解除针对的标的是（　　　）。

    A. 无效合同　　　　B. 有效合同　　　　　C. 可撤销合同　　　　　D. 效力待定合同

4. 签订合同时不需要到场的是（　　　）。

    A. 甲方　　　　　　B. 乙方　　　　　　　C. 律师　　　　　　　　D. 家人

5. 签订合同时不需要证明的是（　　　）。

    A. 签名　　　　　　B. 手印　　　　　　　C. 盖章　　　　　　　　D. 联系方式

三、简答题

1. 简述成功签订合同的流程。
2. 简述签订合同的注意事项。

3. 简述签订合同的目的。

4. 简述签订合同的意义。

5. 谈单时前 10 分钟应该做什么才能使客户更容易签订合同?

6. 简述影响客户做出签订合同决定的几个因素。

学习评价

"个人自评打分表"见附录 2。

"学生互评打分表"见附录 3。

"小组间互评打分表"见附录 4。

"教师评分表"见附录 5。

工作领域 7

软装摆场交验

了解并熟悉软装摆场布置的基本要点、各种类型软装清洁的过程与重点，掌握软装验收归档的内容。

能够运用相关理论，进行软装摆场布置、软装清洁和软装工程验收归档。

培养劳动能力，树立劳动价值观，树立"以劳树德、以劳增智、以劳强体、以劳育美"的观念。

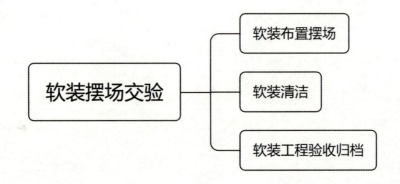

工作任务 *7.1*
软装布置摆场

■ 导读

摆场是将软装方案用实物呈现出来，对之前所学的色彩认知、元素运用、形式构成、风格搭配等知识进行综合运用。围绕小户型住宅空间、别墅空间进行软装摆场，熟悉掌握软装美学布置要点。

任务目标

熟悉软装布置摆场的基本要点。

知识准备

微课：
软装布置摆场

软装在现代人们的生活中占据越来越重要的地位。作为软装设计师，让客户对自己的设计从"需要"到"真的需要"，再到"不得不要"，这需要掌握软装美学布置的相关技巧。软装美学布置具体来说就是软装设计的最后一步——摆场。

7.1.1　软装美学布置的总原则

软装布置摆场应遵循形式美法则，包括比例、均衡、秩序、对比、对称、层次、渐变、延续等。如何在软装设计中具体体现以上法则呢？可以理解为整个空间主色调尽量控制在 3 种颜色及以内，以同类色为主，主色调、辅色调、点缀色调的黄金比例是 6：3：1，在用色选择上尊重客户的情感需求。如图 7-1 所示，主色调是白色，辅色调是绿色，点缀色

图 7-1

调是蓝色、棕灰色等，体现了软装设计中的比例、均衡等形式美法则。在局部增加装饰和细节是设计师情感注入的体现，能够增加软装设计的层次感。

7.1.2　软装布置摆场注意事项

（1）遵循"整体—局部—整体"的原则。

（2）不要打乱装饰品的系列化。

（3）讲求构图的完整性。

（4）有主次感、层次感、韵律感，并且要有内在联系。注意物体的高低、大小、长短，装饰品应组成一个不等边三角形，这样显得稳定而有变化。

（5）装饰品的摆放不影响软装产品结构，不掩盖软装产品的亮点。

（6）卖场软装摆场，需要注意结合场地以大面积分割，小面积点缀，摆活角落，以小件或单件放置，或以床品、沙发部件为主。

7.1.3　小户型住宅空间软装布置摆场

小户型是指室内空间面积为 30 ～ 40 m^2、80 ～ 100 m^2 的住宅。要求设计合理、功能齐全、注重实用性；一般装修经费有限，需要结合客户需求，家居软装设计应兼具功能性。

因为小户型空间面积较小，其软装布置摆场坚持"小空间满而不挤"的原则，如图 7-2 所示。小空间设计中小而精的物品较多，但是体量不大，减少了空间的局促感。

图 7-2

软装设计师在设计时一定要善于利用光线，巧妙地运用自然光线和人工光线。图 7-3 所展示的就是自然光线运用的典范，其借助落地窗及自然光线来营造舒适、温馨的室内空间一角。

人工光线起到局部点缀和气氛灯的作用。室内设计空间的色彩、材质、造型都受到光线条件的制约，图 7-4 中的暖光源的床头灯结合室内中式风格家具及棕灰色调点缀空间。也可以利用隔断来拓展空间，采用干净明亮的壁纸、装饰画、摆件、植物盆栽等小部件作为点缀。小空间的布光应该有主有次，主灯以造型简洁的吸顶灯为主，辅之以台灯、壁灯、射灯等。

进行小户型空间软装布置摆场时，设计师可以结合以下四点进行设计。

（1）宜选用简单的陈设性装饰品，陈设性装饰品元素应以不妨碍功能性为前提。

（2）色彩宜淡不宜浓，选用简单、清爽、淡雅的墙面色彩。

（3）局部增加鲜艳、强烈的色彩以增添活力、趣味性及层次感。

（4）严选家具尺寸，以及组合式的沙发形式，整体营造低调、优雅的生活氛围，可以采用原木家具、趣味座墩、竹编石器等。

图 7-3   图 7-4

7.1.4 别墅住宅空间软装布置摆场

别墅住宅空间的特征是面积大，一般室内面积在 300 m² 及以上，其软装布置摆场注重室内空间的舒适美观。独立别墅的庭院景观有助于空间环境的营造，体现主人的品位。一般来说客户的设计经费充足，对软装设计的要求较高。

别墅住宅空间软装布置摆场与小户型住宅空间稍有不同，更注重营造格调高雅、造型优美、有内涵的室内空间环境。在进行软装设计时应注重实用性和观赏性的结合，将各个部分有机整合，形成一个统一的整体。软装搭配选择必须结合客户的生活习惯、兴趣爱好、经济实力等，着重考虑的是怎样布置家具以满足客户对各种活动的需求，还包括室内空间组合和特定氛围的营造。

别墅住宅空间软装布置摆场的要点如下。

（1）分割空间。可将大区域分割成小空间，作为休闲区或其他功能区。

（2）注重角落的布置。角落的布置很重要，如在客厅一角可以放置休闲单椅、落地灯、小桌子，以充实空间。

（3）善于利用家具元素。如方形的茶几更显得空间整洁有序；圆形的茶几看上去清爽、圆润，可以柔化家具的硬线条，也可以将特殊造型的户型区域加以利用，打造别致的餐厅。

（4）大空间坚持"大而不空"。如果别墅住宅空间软装设计不到位，容易出现空间浪费的情况。光线也是软装设计中不可缺少的元素，可以表达情感和性格。

任务实施

结合本工作任务的知识点，以卧室为例，绘制软装布置摆场草图。

一、填空题

1. 空间利用的五大原则为_____、_____、_____、_____、_____。

2. 直接影响人的空间感受的因素有_____、_____、_____、_____、_____。

3. _____是将软装方案用实物呈现出来。

4. 因为小户型空间面积较小，故其软装布置摆场坚持_____原则。

5. 进行别墅住宅空间软装设计时应注重_____和_____的结合，将各个部分有机整合，形成一个统一的整体。

二、单选题

1. 软装布置摆场应遵循形式美法则。（   ）不是形式美法则。

　　A. 比例、均衡　　　　　B. 秩序、对比　　　　　C. 对称、层次　　　　　D. 层次、系列

2. 整个空间主色调尽量控制在（   ）种颜色及以内。

　　A. 3　　　　　　　　　B. 4　　　　　　　　　C. 5　　　　　　　　　D. 6

3. 对别墅住宅空间进行软装布置摆场时，方形的茶几显得空间（   ）。

　　A. 清爽、圆润　　　　　B. 整洁、有序　　　　　C. 宽敞、明亮　　　　　D. 温馨

4. 小空间的布光应该有主有次，主灯以造型简洁的（   ）为主，辅之以台灯、壁灯、射灯等。

　　A. 筒灯　　　　　　　　B. 吊灯　　　　　　　　C. 吸顶灯　　　　　　　D. 水晶灯

三、简答题

1. 简述软装布置摆场的注意事项。

2. 简述软装美学布置的总原则。

3. 简述小户型住宅空间软装布置摆场的注意事项。

4. 对别墅住宅空间进行软装布置摆场时需要注意哪些要点？

5. 别墅住宅空间软装布置摆场与小户型住宅空间软装布置摆场有何不同？

学习评价

"个人自评打分表"见附录2。

"学生互评打分表"见附录3。

"小组间互评打分表"见附录4。

"教师评分表"见附录5。

工作任务 **7.2**
软装清洁

■ **导读**

软装清洁是国内新兴的清洁服务行业，主要对象是以传统方式不易清洁的物品（如灯具、家具、布艺、饰品、植物、收藏品等）。

任务目标

了解各种类型软装清洁的过程与重点。

知识准备

微课：
软装清洁

7.2.1 清洁灯具

1. 准备清洁用品和清洁用具

（1）清洁用品（表 7-1）。

表 7-1 清洁用品

序号	产品名称	产品图片	备注
1	洗洁精		
2	软抹布		

（2）清洁用具（表7-2）。

表7-2　清洁用具

序号	产品名称	产品图片	备注
1	洗澡巾		

2. 清洁方法

（1）吸顶灯和吊灯的清洁。吸顶灯和吊灯都挂在高处，拆卸不方便，而且灯罩、灯泡容易破碎，可将浅色棉布或双层洗澡巾翻过来套在手上，轻轻地擦拭。如果灯具很脏，可以在棉布上倒一点厨用洗洁精，最后用干净的旧棉布擦拭一次即可。

（2）落地灯的清洁。对于落地灯，可用软抹布蘸洗洁精清洗灯罩；可先将专用洗涤剂倒在抹布上，然后边擦边变换抹布的部位以去除底座上的污垢。

7.2.2　清洁家具

1. 准备清洁用品和清洁用具

（1）清洁用品（表7-3）。

表7-3　清洁用品

序号	产品名称	产品图片	备注
1	洗涤剂		
2	去污粉		

（2）清洁用具（表7-4）。

表7-4　清洁用具

序号	产品名称	产品图片	备注
1	抹布		

序号	产品名称	产品图片	备注
2	百洁布		
3	长毛刷		

2. 清洁方法

（1）实木家具的清洁。一定要注意实木家具表面的清洁维护，定时用纯棉干软布轻轻拭去表面浮尘，每隔一段时间，用拧干的湿棉布将家具犄角旮旯处的积尘细细揩净，再用洁净的干软细棉布擦干。

（2）红木家具的清洁。一般情况下，可用鸡毛掸子扫或用柔软的湿毛巾、湿抹布擦拭红木家具表面，花纹里的灰尘可用软的长毛刷清理。

7.2.3 清洁布艺

1. 准备清洁用品和清洁用具

（1）清洁用品（表 7-5）。

表 7-5　清洁用品

序号	产品名称	产品图片	备注
1	洗洁精		
2	去污粉		

（2）清洁用具（表 7-6）。

表 7-6　清洁用具

序号	产品名称	产品图片	备注
1	干毛巾		

2. 清洁方法

（1）窗帘的清洁。材质特殊或编织方式较特殊的窗帘务必送到洗衣店干洗，切勿水洗，以免布料损坏或变形。

（2）地毯的清洁。主要针对易污染的区域或小块污渍进行清理。将洗洁精或清水喷洒在地毯上，用湿毛巾擦洗，然后用干毛巾吸收污水。

7.2.4　清洁装饰品

1. 准备清洁用品和清洁用具

（1）清洁用品（表7-7）。

表 7-7　清洁用品

序号	产品名称	产品图片	备注
1	干净布		
2	白醋		

（2）清洁用具（表7-8）。

表 7-8　清洁用具

序号	产品名称	产品图片	备注
1	棉花球		

2. 清洁方法

（1）金属画框的清洁。要经常用棉花球蘸醋稀水溶液，轻轻擦拭，以使金属画框保持光泽。

（2）银制品的清洁。选择质地柔软的布料做抹布，以免在清洁时产生划痕。清洗时加入一些洗涤剂，冲洗时应使用热水，冲洗后将银制品放在干净布上，待其自然干燥。

7.2.5　清洁花

1. 准备清洁用具

清洁用具见表7-9。

表 7-9 清洁用具

序号	产品名称	产品图片	备注
1	吹风机		
2	水盆		
3	鸡毛掸子		
4	长刷子		

2. 清洁方法

（1）干花和人造花的清洁。干花和人造花上的灰尘可以直接用吹风机吹除。

注意：为了避免出现积尘严重，无法吹净的情况，最好经常使用该方法对干花和人造花进行清洁。

（2）鲜花的清洁。首先把鲜花从花瓶里拿出来，然后放到水龙头下，拧开水龙头冲洗干净即可。还可以把鲜花放在水盆里涮洗，清洗干净的鲜花不能暴晒，沥干水即可。

7.2.6 清洁书画作品

1. 准备清洁用品和清洁用具

（1）清洁用品（表 7-10）。

表 7-10 清洁用品

序号	产品名称	产品图片	备注
1	脱脂棉球		

序号	产品名称	产品图片	备注
2	酒精		

（2）清洁用具（表 7–11）。

表 7–11　清洁用具

序号	产品名称	产品图片	备注
1	干棉布		

2. 清洁方法

书画作品会因潮湿而生出霉斑，可直接用脱脂棉球蘸取酒精轻轻在霉斑处擦拭，直至除净霉斑为止。

7.2.7　清洁日用品

1. 准备清洁用具和清洁用品

（1）清洁用具（表 7–12）。

表 7–12　清洁用具

序号	产品名称	产品图片	备注
1	抹布		

（2）清洁用品（表 7–13）。

表 7–13　清洁用品

序号	产品名称	产品图片	备注
1	洗洁精		

序号	产品名称	产品图片	备注
2	清洁剂		

2.清洁方法

（1）洗脸盆的清洁。每天洗脸都会用到洗脸盆，所以要将洗脸盆清洁干净。可用热水兑少量清洁剂，用刷子清洗，洗完后洗脸盆会和新的一样。

（2）饭桌的清洁。可以用热水兑白酒沾湿毛巾，然后用力擦拭饭桌表面，最后用干净水清洗干净即可。

（3）牙刷和牙杯的清洁。用稍热的水浸泡一会儿牙刷，然后用流动的水冲洗即可。牙杯可以用热水浸泡，然后加些洗洁精清洗即可。

7.2.8 清洁收藏品

1.准备清洁用品和清洁工具

（1）清洁用品（表7-14）。

表 7-14 清洁用品

序号	产品名称	产品图片	备注
1	碱		
2	肥皂		
3	洗衣粉		

（2）清洁用具（表7-15）。

表7-15　清洁用具

序号	产品名称	产品图片	备注
1	白布		
2	牙签		

2.清洁方法

（1）陶瓷藏品的清洁。陶瓷藏品上的一般污渍可以用碱水清洗，也可用肥皂、洗衣粉清洗，再用净水冲净。冬季洗刷薄胎瓷器时要控制好水温，以防冷热水交替使瓷器发生爆裂。

（2）玉器类藏品的清洁。玉器类藏品表面若有灰尘，可用清洁、柔软的白布蘸清水后擦拭。缝隙处比较顽固的污渍，可以用棉棒或裹上棉花的牙签，顺着花纹的方向轻轻擦拭即可。

任务实施

选择某一类型的装饰品进行清洁，并对各个环节进行拍照记录。

学习检测

一、填空题

1.开荒保洁的第一步是_____。

2.重点空间的清洁应坚持_____的原则。

3.重点空间的清洁包括_____、_____。

4.重点部位的清洁包括_____、_____、_____。

5.清洁地面前要分清地板的_____。

二、单选题

1.软装清洁行业服务要从人力资本、流程资本、战略资本和（　　）等方面进行改革发展。

　　A.信息知识管理　　　　B.理论　　　　　　　C.服务流程　　　　D.态度

2. 软装清洁的对象是以传统方式不易清洗的窗帘、沙发、床垫和（　　　）等。

　　A. 地毯　　　　　　　B. 厕所　　　　　　　C. 马桶　　　　　　　D. 软包墙

3. 关于人工洗衣服的缺点，下列说法中错误的是（　　　）。

　　A. 会洗破　　　　　　B. 会混色　　　　　　C. 会洗不干净　　　　D. 会褪色

4. 关于软装清洗的优点，下列说法中错误的是（　　　）。

　　A. 效果突出　　　　　B. 可降低风险　　　　C. 可免拆清洗　　　　D. 可多花钱

5. 软装清洁主要针对的部位不包括（　　　）。

　　A. 沙发　　　　　　　B. 软包墙　　　　　　C. 床垫　　　　　　　D. 地毯

三、简答题

1. 简述开荒保洁的注意事项。
2. 简述开荒保洁的程序。
3. 容易被忽略的清洁角落有哪些？
4. 门与框怎么清洁？
5. 重点空间中厨房和卫生间如何清洁？
6. 简述陶瓷藏品的清洁方法。

学习评价

"个人自评打分表"见附录2。
"学生互评打分表"见附录3。
"小组间互评打分表"见附录4。
"教师评分表"见附录5。

工作任务 **7.3**
软装工程验收归档

■ **导读**

　　软装验收归档，即由软装设计师组织成本中心、软装项目负责人、软装公司领导人、物业方、营销策划部对软装工程进行验收，根据相关意见及软装工程验收标准进行整改。软装工程验收的内容包括家居饰品、花艺、窗帘、地毯等的室内陈设与布置等。

任务目标

了解并掌握软装验收归档的内容。

知识准备

7.3.1　软装工程验收组织

软装工程验收组织是由软装设计师组织成本中心、软装项目负责人、软装公司领导人、物业方、营销策划部对软装工程进行验收，根据意见进行整改。

7.3.2　软装工程验收的内容

软装工程验收的内容包括家居饰品、花艺、窗帘、地毯等的室内陈设与布置等。

微课：
软装工程验收归档

7.3.3　软装工程验收的标准

1. 家具的验收标准

（1）家具的尺寸要符合人体工程学原理，这是家具验收标准的首要方面。

（2）家具制造工艺关系到家具是否牢固、是否存在毛刺等问题。可以仔细查看家具的组合部分，例如，查看五金连接件的质量如何；抽屉和柜门是否开闭灵活，回位正确，是否有阻碍感；玻璃周边是否抛光整洁、开闭灵活，有无崩碴、划痕；各种塞角、压栏条、滑道的安装位置是否正确、平实牢固、开启灵活。

（3）家具的结构关系到其在使用过程中的平稳性。可以在平面上放置家具，用力摇动家具，看是否发出"吱吱嘎嘎"的声响。如果家具没有涉及曲线造型，还可以查看家具的垂直度：当平面对角线长度大于 1 m 时，垂直方向误差应小于 1.5 mm；当平面对角线长度小于 1 m 时，误差应小于 1 mm。还要检查家具的翘曲度：当平面对角线长度大于 1.4 m 时，翘曲度应小于 2 mm；当平面对角线长度小于 0.7 m 时，翘曲度应小于 0.5 mm。

（4）外观同样是家具验收的主要标准。除查看家具的造型是否符合客户的意愿，色彩与房间的整体风格是否搭配外，还要查看家具的表面漆膜是否均匀、光滑，有无色差；油漆表面是否有流坠、起泡和皱纹等质量缺陷；家具的板材有无腐蚀、死节和残缺；家具表面是否有小毛刺等。

2. 窗帘的验收标准

检查窗帘整体是否与房间垂直和谐；窗帘布料有无脱丝现象；轨道和罗马杆有无裂纹，以免出现脱落现象。

3. 地毯的验收标准

地毯应固定牢固，毯面平挺不起鼓、不起皱、不翘边，拼缝处对花对线拼接吻合、密实平整、不显露拼缝，绒面毛顺光一致；异型房间花纹顺直端正，裁割合理，收边平正、无毛边。

7.3.4 软装工程验收单归档

1. 软装工程验收单归档的概念

软装工程验收单归档是指立档单位将其在职能活动中形成的、办理完毕、应作为文书档案保存的各种纸质文件材料，遵循文件的形成规律，保持文件之间的有机联系，区分不同价值，进行保管和利用。

2. 软装工程验收单归档的时间

（1）要实行定期归档。定期归档是指将办理完毕的材料交由文书部门或业务部门整理、立卷后定期向档案室移交。

（2）移交的时间一般在第二年上半年。一些专门性文件或驻地分散的个别业务单位的文件，可推迟至第二年的下半年移交。

3. 软装工程验收单归档的质量要求

（1）原件归档。
（2）应归档材料的文件材料齐全、完整。
（3）对文件材料和电报，按其内容的联系进行合并整理、立卷。
（4）对归档的文件材料，要保持它们之间的历史联系，区分保存价值，分类整理、立卷，案卷标题简明确切，以便于保管和利用。

任务实施

完成一张软装工程验收单。

一、填空题

1. 档案是机关工作的_____。

2. 档案人员采用_____和方法管理档案，为社会各方面服务。

3. 档案是情报的一种存在形式，是情报的_____。

4. Ⅱ类民用建筑工程室内装修采用的人造板及饰面人造木板宜达到_____，当采用_____时，直接暴露于空气中的部位应进行表面涂覆密封处理。

5. 在用靛酚蓝分光光度法测定氨浓度的检测标准中要求采样体积为_____，采样后，样品在室温下保存，于24小时内进行分析。

二、单选题

1. （　　）分部工程中的分项工程一般划分为一个检验批。

　　A. 地基基础工程　　　　B. 有地下层的基础工程　　C. 屋面工程　　　　D. 单层建筑工程

2. 下列关于施工验收层次划分的叙述中，不正确的是（　　）。

　　A. 当单位工程较大时，可划分为若干子单位工程

　　B. 当总工程较大时，可划分为若干子分部工程

　　C. 当分部工程较大时，可划分为若干子分部工程

　　D. 分项工程由一个或若干检验批组成

3. 成卷装订的案卷，卷内文件应一面编一个页号，空白页（　　）。

　　A. 续前页号　　　　　　B. 续白页　　　　　　C. 不编号　　　　　　D. 白页

4. 验收记录均应由（　　）填写。

　　A. 施工项目专业质量检查员　　　　　　　　B. 监理工程师

　　C. 建设单位专业技术负责人　　　　　　　　D. 设计单位项目负责人

5. 企业档案管理等级的证书是企业档案管理水平的标志，在企业升级时享受档案管理专项工作的是（　　）。

　　A. 等级权　　　　　　B. 平等级　　　　　　C. 免检权　　　　　　D. 高等级

三、简答题

1. 简述工程建设项目归档文件材料的整理步骤。

2. 简述如何区分工程质量不合格、工程质量问题和质量事故。

3. 简述甲醛检测的三种分光光度法。

4. 建筑工程施工质量验收中单位工程划分的原则是什么？

5. 简述企业档案分类的基本方法。

6. 简述窗帘的验收标准。

"个人自评打分表"见附录 2。

"学生互评打分表"见附录 3。

"小组间互评打分表"见附录 4。

"教师评分表"见附录 5。

工作
领域 8

软装修复与养护

知识目标

　　了解家具修复与养护的范围、家具修复行业的前景，以及家具修复与养护的相关知识、方法和步骤。

能力目标

　　能够运用相关理论，进行木制家具修复与养护。

素质目标

　　养成勤俭节约的思想意识和行为习惯。

思维导图

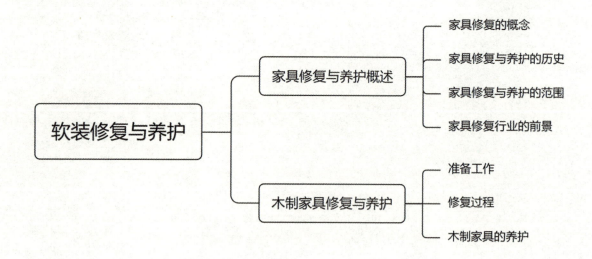

工作任务 **8.1**
家具修复与养护概述

■ **导读**

　　家具修复是指针对各种成品家具或建材表面材料的破损、划伤、掉色的复原处理。很多人认为家具修复与养护就是旧家具翻新、旧家具维修，其实家具修复与养护更多的是对新家具的修复与养护。

任务目标

了解家具修复与养护的范围及家具修复行业的前景。

知识准备

　　很多人认为家具修复与养护就是旧家具翻新、旧家具维修，其实家具修复与养护更多的是对新家具的修复与养护。例如，家具商场卖出去的新家具，在运输中会出现磕碰、划伤、断裂，如果返厂，则成本太高，时间也太长，所以选择家具修复与养护服务；在居家生活中，难免会出现家具的磕碰、断裂、划伤等问题，大多数人选择只修不换，所以会要求家具修复美容师上门服务。

微课：家具修复
养护概述

8.1.1　家具修复的概念

　　家具修复是指针对各种成品家具或建材表面材料的破损、划伤、掉色的复原处理。这些破损、划伤、掉色的表面材料可以是木头、油漆、皮革、金属及布料等，运用局部的快速修复技术可以进行修复。针对现有家具使用材料的局限性，修复对象往往为木头、皮革、大理石、陶瓷。

8.1.2　家具修复与养护的历史

家具修复与养护从诞生到现在将近20年，是由红木厂里老师傅的修复与养护工艺慢慢演变而来的：从色粉修补，到刷色修补，再到自喷漆修补、色精气泵修复。

8.1.3　家具修复与养护的范围

家具修复与养护的涵盖面很广，不仅涵盖家具的修复与养护，还涵盖大理石、皮具、木器、陶瓷、古董的修复与养护，以及奢侈品修护、地砖养护、皮木保养、皮木翻新改色等。

8.1.4　家具修复行业的前景

（1）家具馆合作。各种风格的家具，如各种皮沙发、大理石、贴皮大理石、人造大理石等难免有磕碰和损伤，需要修复。

（2）物流货运合作。大件家具货运过程中会出现家具磕碰、自然开裂、损伤断裂等问题，需要修复。

（3）地产商合作。精装房交房之前，每家每户的木门、木地板、护墙板、地砖、过门石等在工程施工过程中难免产生损伤问题，需要维修。

（4）汽车4S店合作。汽车真皮座椅会出现破损问题，需要修复。

（5）软装公司合作。软包更换、地砖更换、木饰面更换等的成本太高，而家具修复成本低、效果好。

（6）二手车市场合作。汽车真皮座椅会出现破损问题，需要修复。

（7）建材市场合作。可深度参与门业务、地板业务、楼梯业务、地砖业务、洁具业务、陶瓷业务等。

（8）奢侈品护理店合作。承接名贵包、高档皮鞋、高档皮衣、高档皮腰带等皮具的修复业务。

随着近几年经济的快速发展，人们开始追求舒适、高品位的家居生活，客户对家具的品质要求也越来越高，家具修复率节节攀升。据相关调查信息显示，一半以上的新家具在使用一段时间之后，会出现这样或那样的问题，因此，家具修复行业的前景相当好。

家具，特别是实木家具在搬运过程中容易发生磕碰。一些实木家具价格不菲，需要家具修复的专业服务。

现在就整个家具修复行业来说，从业人员少，市场空间大；投资少，利润回报大；不需要购置厂房、设备；服务面广，可为家庭、企业/事业单位、宾馆、酒店服务；价格空间大，价格可根据当地消费水平而定；属于自由职业，不受时间的约束。

此外，从节约资源、回收重复利用等角度考虑，家具修复行业发展前景良好。

任务实施

完成家具修复与养护思维导图。

一、填空题

1. 室内墙面修补方法有_____、_____、_____。

2. 墙面浅层的污渍可以用_____稍做处理。

3. 处理墙面开裂时首先要_____。

4. 胚料的可塑性的强弱主要受_____、_____、_____、_____等因素的影响。

5. 瓷器胚料的主要类型有_____、_____、_____、_____。

二、单选题

1. 软装是一个（　　）行业。

    A. 旧业　　　　　　　　B. 丰富　　　　　　　　C. 新兴　　　　　　　　D. 陈设

2. 装修缺陷可通过（　　）装饰来弥补。

    A. 材质　　　　　　　　B. 墙面用色　　　　　　C. 颜色　　　　　　　　D. 搭配

3. 卫生间的地面坡度，应坡向于（　　）。

    A. 浴盆　　　　　　　　B. 马桶　　　　　　　　C. 地漏　　　　　　　　D. 门口

4. 信息插座安装分为墙上安装、地面插座安装等，对于墙上安装要求距地面（　　）。

    A. 0.1 m　　　　　　　B. 0.2 m　　　　　　　C. 0.3 m　　　　　　　D. 0.5 m

5. 景德镇制瓷胚料一般采用由（　　）和瓷石组成的二元配方。

    A. 釉石　　　　　　　　B. 高岭土　　　　　　　C. 石化　　　　　　　　D. 固体

三、简答题

1. 简述墙面渗水的原因。

2. 简述不耐水墙面修补方法。

3. 地砖破损的处理方法有哪些？

4. 在进行墙面翻新时，需要注意哪些方面？

5. 简述室内墙面修补方法。

6. 简述家具修复与养护的范围。

"个人自评打分表"见附录2。

"学生互评打分表"见附录3。

"小组间互评打分表"见附录4。

"教师评分表"见附录5。

工作任务 **8.2**
木制家具修复与养护

■ 导读

在日常生活中，新的木制家具用久了会显旧，会出现各种裂缝，需要专业人士运用提前准备好的专业修复工具和修复材料，对木制家具进行修复与养护。

任务目标

了解木制家具修复与养护的相关内容。

知识准备

8.2.1　准备工作

（1）准备修复工具（表8-1）。

表8-1　修复工具

序号	产品名称	产品图片	用途	备注
1	铲刀		一般常用的铲刀宽度以17 mm左右为宜，主要用于木粉、腻子补平后的铲平	
2	502胶水		选择干燥较快、黏度较小的为宜，用于木粉的黏合和创伤部位的密封补平	

序号	产品名称	产品图片	用途	备注
3	木粉		选择材质较硬的木粉，筛掉粗颗粒，使用较细的颗粒，这样修补后没有砂眼	
4	砂纸		砂纸目号越大，颗粒越细；目号越小，颗粒越粗。在不同的打磨阶段应选择不同目号的砂纸	
5	卫生纸		主要用于桌面裂纹处大缝隙的填充	
6	细棉纱		主要用于填充裂缝	
7	壁纸刀		主要用于刮平 502 胶水，还有微量验证大面平整度的作用	
8	贴直尺		主要用于桌面损坏面积较大的修补平整度的衡量	
9	吹风机		主要用于吹干胶水	

（2）准备修复材料（表8-2）。

表8-2　修复材料

序号	产品名称	产品图片	用途	备注
1	基色修色油膏		主要用于创伤部位的补色和勾色	
2	研磨剂		用来保持平整，有研磨蜡、抛光粉、磨砂蜡、高级研磨剂等	
3	抛光剂		主要用于上色之后漆面的抛光	
4	固化剂		用于PV型彩漆的固化	
5	漆面融合剂		可以让局部修复后的光泽和原漆面融合一致，实现无疤痕修复	
6	各种颜色的自喷漆		用于相同颜色的喷涂和彩漆的调配	
7	光亮剂		用于灵活调整颜色的光泽度	
8	专用稀释剂		用于稀释和调和填充物及面漆，具有干燥快、溶解力强、流平性好、气味小、操作方便等特点	

序号	产品名称	产品图片	用途	备注
9	专用色精		和修色油膏配比使用，让修色油膏更完美，用来调节修色油膏的颜色浓度	

8.2.2　修复过程

1. 清理固定上胶水

先将破损部位的边缘用铲刀清理好，滴 502 胶水固定，将空虚的地方用铲刀压实、压紧，然后倒上木粉，木粉要高出周围平面，再滴 502 胶水，速度要快，让502 胶水渗透到底层，用铲刀用力压实，以免干后塌陷。

微课：木制裂缝
修复养护

2. 打磨

铲平后，用木块垫上砂纸进行平磨，待创伤部位平整后，擦去打磨的粉面，然后用 502 胶水进行补充。这道工序最重要，技术性很强，它关系到修补部位的整体平整性。

3. 调色、上色、勾色过渡

首先分辨颜色成分，分清楚什么是主色，什么是次色，用什么色粉。先调主色，再慢慢加次色，要少加，色精的多少要根据颜色的浓度而变化，所用材料尽可能少。使用的工具应保持干净，以免污物、杂质混入而影响着色质量。拼色的场地要光线充足，但应避开直射阳光和灯光，以保证色调一致。勾色过渡也是关键的一环，不仅颜色要过渡，纹路也要过渡。当颜色刷得基本接近时，就要把油膏调稀，向周围淡淡过渡，既不要遮盖住周围的纹路，又要让颜色随和自然。

4. 上漆

用毛笔上漆时，应以 60°角度刷涂，以这个角度刷出的漆面平滑无条纹。毛笔不要把漆蘸得太饱满，以防止影响刷漆效果。

8.2.3　木制家具的养护

木制家具的养护不能通过补充水分的方式进行，应该选用专业的家具护理精油。它蕴含容易被木材纤维吸收的天然香橙油，可锁住木材中的水分，防止木材干裂变形，同时滋养木材，由里到外令木制家具重放光彩，延长木制家具的使用寿命。

任务实施

每人完成 1 处木制家具裂缝的修复，并拍照记录修复过程。

一、填空题

1. 在日常生活中，新的木制家具用久了会显旧，出现各种裂缝，需要专业人士运用提前准备好的专业_____和_____，对木制家具裂缝进行_____。

2. 常用的修复材料有基色修油膏、研磨剂、抛光剂、_____、_____、_____、_____、_____专用色精等。

3. 调色时，色精要根据_____而变化。

4. 用毛笔上漆时，应以_____刷涂，以这个角度刷出的漆面平滑无条纹。

5. _____工序最重要，技术性很强，它关系到修补部位的整体平整性。

二、单选题

1. 主要创伤部位的补色和勾色所用的修复材料是（　　）。

    A. 基色修油膏　　　　　B. 研磨剂　　　　　　C. 抛光剂　　　　　D. 专用色精

2. （　　）主要用于上色后漆面的抛光。

    A. 基色修油膏　　　　　B. 研磨剂　　　　　　C. 抛光剂　　　　　D. 专用色精

3. 用于灵活调整颜色光泽度的是（　　）。

    A. 基色修油膏　　　　　B. 研磨剂　　　　　　C. 抛光剂　　　　　D. 光亮剂

4. 在不同打磨阶段要选择不同目号的（　　）。

    A. 502 胶水　　　　　　B. 砂纸　　　　　　　C. 木粉　　　　　　D. 卫生纸

5. 吹风机主要用于（　　）。

    A. 填充裂缝　　　　　　　　　　　　　B. 创伤部位的补色和勾色

    C. 吹干胶水　　　　　　　　　　　　　D. PV 型彩漆的固化

三、简答题

1. 木制家具修复与养护的准备工作有哪些？
2. 木制家具修复的常用修复工具有什么？
3. 木制家具修复与养护的常用修复材料有什么？
4. 简述木制家具修复与养护的一般过程。
5. 简述调色、上色、勾色过渡的注意事项。

"个人自评打分表"见附录2。

"学生互评打分表"见附录3。

"小组间互评打分表"见附录4。

"教师评分表"见附录5。

工作领域 9

软装案例与学生作品

了解小户型、别墅型软装的特点，学习优秀作品，掌握作品比较和问题小结的方法。

能够运用相关理论，对小户型、别墅型软装进行初步设计方案的输出，在实践中不断提升设计与协调能力。

提升课程学习体验、学习效果，坚守生产一线，经得起风雨，始终坚守梦想，成就精彩人生。

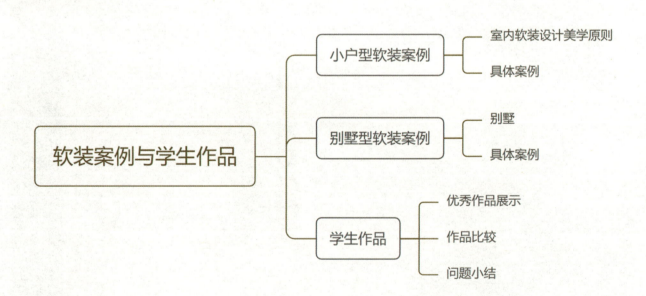

工作任务 **9.1**
小户型软装案例

■ 导读

　一个优秀的小户型软装设计方案，首先需要考虑周边环境、文化特色、历史背景、用户资料、温度、气候等；其次需要进行合理的布局与楼层设计；再次需要注意功能与形式的结合；最后需要注意软装元素的搭配。

任务目标

对优秀案例进行详细分析，了解小户型软装的特点。

知识准备

9.1.1　室内软装设计美学原则

1. 统一与变化

在居室布置的初始应该有一个完整的构思，根据空间结构，将家具、布艺等主要元素的款式、色彩和材质规划在一个大基调中。

2. 形成共鸣

各种家具要有适当的比例，空间布局才会协调；各种元素的颜色要协调，房间内才会呈现令人愉悦的色彩。

微课：
小户型软装案例

3. 对称与均衡

在现代家居装饰中，人们比较喜欢在基本对称的基础上产生一种有变化的对称美，它能打破均衡与稳定的局限，通常可以带来新颖的视觉感受，但如果过多地运用此方法，则会让人产生失控的感觉，造成心理上的不愉快。

4．比例与尺度

比例是物与物的整体之间或部分与整体之间的数量比例关系。在美学中，最常用的经典比例分割方法是古希腊人提出的"黄金比例"。

尺度所研究的是建筑物整体或局部构建与人或物体之间的比例关系及这种关系给人的感受。

5．焦点与从属

在居室装饰中打造空间的视觉焦点，只需要根据空间主题，在醒目的位置摆上一盏灯、挂一幅画或放一把椅子，就足以点亮整个空间，这就是制造视觉焦点的作用。

6．节奏与韵律

节奏与韵律是密不可分的统一体，是创造和感受的关键。在室内装饰中，节奏与韵律通过空间的虚实交替、构件排列的疏密及曲柔刚直的穿插等变化来实现，其主要表现手法有重复、递进、抑扬顿挫等。

室内软装设计只有遵循以上美学原则，才能使环境舒适美观，为人们带来惬意的生活感受。

9.1.2　具体案例

优秀的小户型软装设计是什么样的？下面通过一个优秀设计案例帮助读者理解。

如图9-1所示，整个室内空间以白色为主，以灰色为辅，强化突出白色元素的应用，在设计中围绕"高雅、美观、新颖、大方、色彩协调、柔和"，体现"人文、舒适"的理念。从色调上给人一种北欧风格的感觉。有一小部分细节以明艳的色彩加以点缀，使空间不显得清冷，多了些活泼、温馨的感觉。

图 9-1

客厅部分的设计采用现代简约风格，呈现出安静而具有个性的感觉，不浮夸、不做作。落地窗设计能带入窗外的阳光和自然景致，使人感受到家的轻松氛围。在室内空间中，除地板、床、沙发、地毯、窗帘表面粗糙外，其余室内部分都是光滑的，这种光滑给整个空间带来了整洁的感觉。部分灯具的金属质感使空间更有现代感。

如图9-2所示，蓝色的布艺抱枕使空间搭配充满活力与动感。沙发的皮质材质与桌子的传统木质材质无疑是很好的搭配方案。布质的抱枕与沙发成组布置，看似传统，但设计者巧妙运用不同材质和颜色，使其呈现出一种超强的现代感。极简的圆形茶几下面相对色彩丰富的地毯和周围极简的背景墙形成对比。

背景墙简单大方，电视机挂在木纹背景墙上，大理石电视柜与墙面粘连，与周围的环境融为一体。

简洁淡雅的客厅环境与餐厅镜面玻璃相互"碰撞"，镜面隔断可增加视觉层高，使空间开阔，既产生了炫酷的视觉效果，又增加了空间感，符合年轻人的时尚品位。开放式厨房巧妙地利用空间，将实用美观的餐桌与厨房空间紧密相连，形成一个开放式的烹饪就餐空间。开放式厨房营造出温馨的就餐环境，让居家生活的贴心快乐从清晨开始就伴随全家人。厨房旁边是储物的吧台，其利用狭小的空间满足住户的需求，旁边配有极简高凳，与餐桌和开放式厨房相得益彰。

如图9-3所示，主卧室偏向营造稳重典雅的感觉，在体现整体稳重的同时又包含浪漫舒适的温情；墙面的奶棕色壁纸温馨大方，表现出高品质的现代生活格调。床体运用木质材料，体现素净、纯粹、休闲的生活风格。床头摆放饰品作为搭配，体现休闲的感觉。极简的灯具起到点缀作用，丰富了空间，颇具装饰性。衣帽间采用棕色推拉门，便于使用。

图 9-2

图 9-3

次卧室设计基本的理念是简约、自然，还带有一种与世无争的随性和豁达，让人沉积在心中的烦恼能得到瞬间的释然。

如图9-4、图9-5所示，书柜采用明亮的白色，使整体空间显得宽敞、舒适，书柜与书桌结合为一体的设计形式，能够有效地节约整体的空间。书房装饰有绿色墙面，大部分白色的运用，让书房显得宽敞明亮，大大提高了学习与办公的效率。设计师旨在创造一个通透，但可以转换的空间。

图 9-4

图 9-5

本案例在环境风格、空间布局、设计选材上都有与之相呼应的独特的设计创新点，这源于对客户生活价值的深入挖掘，展现了一种对客户居住需求、生活价值的独特的挖掘角度。本案例户型虽然较小，但是简约的装修使其显得大方时尚。本案例设计无论在色彩、功能、造型的设计上都推崇贴近自然，追求人与自然的统一。放眼望去，整个空间显得宁静美好，方形茶几上的绿植装饰显示出自然的勃勃生机，为客户营造出身在自然外，心在自然中的禅意。

任务实施

根据本工作任务所讲的内容，选择一个优秀的小户型软装案例，从结构、色彩、材质等方面以PPT的形式进行分析。

学习检测

一、填空题

1. 小户型装修应以＿＿＿＿＿＿＿为主。
2. 小户型软装色彩应＿＿＿＿＿＿＿。
3. 小户型软装整体陈设应＿＿＿＿＿＿＿。
4. 框架－剪力墙体系一般用于＿＿＿＿＿＿＿。
5. 进行室内设计必须具备高度的艺术修养，并掌握＿＿＿＿＿＿和材料。

二、单选题

1. 室内软装设计具体是指（　　　　）。
   A. 壁纸家具设计　　　　　B. 土建结构设计　　　　　C. 水暖设计　　　　　D. 灯具设计
2. 单人床的最小宽度为 800 mm，其长度一般为（　　　　）mm。
   A. 600　　　　　B. 800　　　　　C. 2 000　　　　　D. 2 200
3. 小户型灯光构成在室内软装设计中的作用是（　　　　）。
   A. 表达情感和性格　　　　　B. 体现艺术气息　　　　　C. 调节情绪　　　　　D. 调节冷暖

三、简答题

1. 小户型装修误区有哪些？
2. 小户型怎样合理利用空间？请列举几个方法。
3. 简述如何进行小户型软装设计才能最大化地利用空间。
4. 如何在视觉上提升小户型房屋的挑高和开阔度？
5. 小户型软装设计的注意事项有哪些？
6. 简述室内软装设计的美学原则。

学习评价

"个人自评打分表"见附录2。
"学生互评打分表"见附录3。
"小组间互评打分表"见附录4。
"教师评分表"见附录5。

工作任务 9.2
别墅型软装案例

■ 导读

　　一个优秀的别墅型软装设计方案，首先需要考虑周边环境、文化特色、历史背景、用户资料、温度、气候等；其次需要进行合理的布局与楼层设计；再次需要注意功能与形式的结合；最后需要注意软装元素的搭配。

任务目标

对优秀案例进行详细分析，了解别墅型软装的特点。

知识准备

微课：
别墅型软装案例

9.2.1　别墅

　　别墅是一个让人们远离嘈杂都市，静下来享受生活、欣赏生活的理想居所。别墅的空间环境特点概括为以下几项。

　　（1）采光好，绿化覆盖率高，私密性强，安静宜居；

　　（2）拥有宽大舒适的起居空间，软装可塑性强；

　　（3）房间多，用途广，活动空间大，自然通风；

　　（4）建筑外观造型与周围优美的自然环境融为一体，让人心旷神怡。

9.2.2　具体案例

　　图9-6所示为别墅装修效果。该案例装修过于简单，基本没有进行装饰。客厅整体效果偏冷，看起来

图 9-6

既没有家的温馨，也没有别墅的大气豪华。

下面分别从别墅的外景布局和内景布局进行案例赏析。

1. 外景布局

（1）在建筑结构上，强调功能与形式的完美结合，强调空间内在的魅力。本案例形式纯净、局部处理细致、整体条理清楚。整座别墅的外观被赋予很浓的"浪漫"气息，属于典型的欧式风格别墅，别墅与大自然融为一体，唯美的景色为室内带来无限生机（图9-7、图9-8）。

图9-7　　　　　　　　　　　　　　　　图9-8

（2）在空间分割上，以点、线、面、体来塑造空间，大量采用了穿插与加减的设计手法。整体连贯开阔，布局巧妙，流动与分隔讲究。

（3）在材料选用上，注重自然质感，以便与大自然亲切交流。室外运用镂空木材料将别墅前院与外部环境隔开，闹中取静（图9-9、图9-10）。

图9-9　　　　　　　　　　　　　　　　图9-10

（4）在软装元素搭配的选择上，前院休闲区以白色布艺沙发和木桌作为搭配，强调建筑物的神秘特性。它向别墅的其他部分传递出自由的信息，以及不受限制的本质的平静（图9-11、图9-12）。

图 9-11 图 9-12

2. 内景布局

整体采用竖直线条为元素创意点,对空间进行有比例的修饰。下面逐一赏析从客厅、餐厅、卧室、书房、藏酒室、卫生间。

(1)客厅以白色和棕木色作为主色调,经得起时间的沉淀,搭配进口沙发,进一步提升主人的品位。灯带的点缀使整个客厅变得温暖而舒适大气,并将"简约轻奢"表现得淋漓尽致(图 9-13、图 9-14)。

图 9-13 图 9-14

(2)餐厅设计为开放式,空间明亮,白色的橱柜显得干净整洁,吊柜设计满足储物需求,充分秉承"以人为本"的设计理念。餐厅采用方格式的磨砂玻璃墙面,室外阳光透过网格磨砂玻璃窗,在地板形成光影的小格,可丰富空间的层次感,极大地将视觉延伸,更好地带来内、外景致的互动性。桌几上摆放的饰品极富艺术和生活的情趣,黑色的线条与周围方格的背景形成强烈的对比,简约中彰显奢华。两种不同风格的线条在特定环境中显得相辅相成,天然融合(图 9-15、图 9-16)。

(3)卧室整体低调简约,墙壁以米白色为主,局部点缀黑色块,床饰以灰色系为主,显得干练明快,用橙色点缀部分空间使整体的装修更具有层次感。地毯纹理感强,与周围的极简风格形成呼应。装饰画运用经典的黑、白两色,使空间更具有情怀(图 9-17)。

(4)书房吊灯采用比较常见的结构吊灯。其在颜色选择上考虑呼应整体色调。吊灯等距离排列以增加空间的装饰效果。书架奢华的金属质感符合都市生活的特点。白净的空间与绿植有助于在工作之余放松心情（图9-18）。

图 9-15

图 9-16

（5）藏酒室整体简单奢华，酒柜用天然大理石材质装配，体现文化韵味。线状结构吊灯和周围环境相得益彰（图9-19）。

（6）卫生间干、湿区域划分明确，功能齐全，使用起来方便、舒适。地板、墙壁材料为大理石。玻璃隔板在区分空间的同时又不阻挡视野，空间显得明亮宽阔（图9-20）。

图 9-17

图 9-18

图 9-19

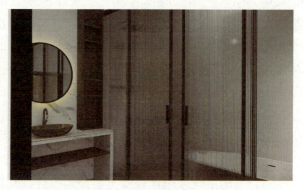
图 9-20

任务实施

根据本工作任务所讲的内容，选择一个优秀的别墅型软装案例，从结构、色彩、材质等方面以PPT的形式进行案例分析。

学习检测

一、填空题

1. 非住宅建筑按其用途大致分为生产用房、_____用房、_____用房和其他专业用房。

2. 视觉上，起居室的形式必须以展露家庭的特定性格为原则，采用独具个性的风格和表现方法，使之充分发挥_____的作用。

3. 起居室的主要活动内容有_____、_____、_____。

4. 应避免破坏住宅的"私密性"和起居室的"安全感""稳定感"。起居室应具有相对的_____。

二、单选题

1. 下列房间尺寸适宜的是（　　　）。
　　A. 住宅卧室层高 2.4 m
　　B. 厨房开间 2.7 m
　　C. 住宅卫生间开间 1.0 m
　　D. 住宅卧室净高 3.0 m

2. 公共建筑通常由以下四种空间中的哪三种组成？Ⅰ使用空间、Ⅱ活动空间、Ⅲ辅助空间、Ⅳ交通空间。（　　　）
　　A. Ⅰ、Ⅱ、Ⅲ
　　B. Ⅰ、Ⅱ、Ⅳ
　　C. Ⅱ、Ⅲ、Ⅳ
　　D. Ⅰ、Ⅲ、Ⅳ

3. 公共艺术设计的形态包括（　　　）设计、展示设计、室内设计、公共环境四个部分。
　　A. 装潢
　　B. 建筑
　　C. 公共阶段
　　D. 家具

4. 从宏观整体看，建筑物和室内环境无论在物质技术上，还是在精神文化上都具有（　　　）。
　　A. 民族特点
　　B. 历史延续性
　　C. 地方风格
　　D. 地域特点

三、简答题

1. 起居室应具有相对的隐蔽性，设计时应怎样处理？

2. 起居室必须具备洁净、清新、有益健康的室内环境，那么如何做好通风防尘措施？

3. 公共走道大致分为哪几种形式？它们各有什么特点？

4. 楼梯由哪几部分组成？其有哪些种类？

5. 别墅型软装设计的注意事项有哪些？

6. 一个优秀的别墅型软装设计方案需要考虑哪些方面？

"个人自评打分表"见附录 2。

"学生互评打分表"见附录 3。

"小组间互评打分表"见附录 4。

"教师评分表"见附录 5。

工作任务 **9.3**
学生作品

> **导读**
>
> 　　为了检验读者对本课程内容的掌握程度，本工作任务对学生作品进行展示，通过对比发现问题，解决问题。

任务目标

从优秀作品展示、作品比较和问题小结三个方面考察读者对本课程内容的掌握程度。

知识准备

9.3.1　优秀作品展示

1. 作品一

微课：
学生作品

图 9-21 所示为地中海装饰风格。其特点是具有纯美的色彩、拱形的浪漫空间、独特的装饰方式和典型的色彩搭配。木制吊顶，拱形门廊，低彩度、线条简单且修边浑圆的木制家具，窗帘，抱枕靠垫，灯罩等均以低彩度色调为主，独特的锻打铁艺家具充分地将地中海风格的独特美学特点呈现出来，让人有置身于地中海的美好错觉。

在图 9-22 所示的主卧室中，门洞和衣柜依旧运用拱形造型，搭配洁白的横纹木门，显得圣洁典雅；素雅的小细花纹图案床单和花纹墙纸呼应，灯罩仍以温和的色调为主。

图 9-21

在图 9-23 所示的次卧室中，利用白色与蓝色两种比较典型的地中海颜色进行搭配，好似希腊的白色村庄与沙滩和碧海、蓝天连成一片。虽然两个卧室给人的感觉差别很大，但都体现了地中海最典型的风格特点。

图 9-22

图 9-23

此作品整体上风格统一，可以看出该学生将地中海风格的特点熟记于心，并能找到代表其特点的材料进行装饰。同时，该学生还能用一样的元素通过色彩的明暗、材料质地的差别，对两个卧室进行区分。这些都是值得学习借鉴的。

2. 作品二

图 9-24 ～图 9-27 所示为北欧风格的作品。北欧风格简洁、现代，整体舒适自然，同现代简约风格有很多共同之处，颇受年轻人的喜爱。

图 9-24

图 9-25

图 9-26

图 9-27

在本作品中，客厅、地砖、电视墙及墙壁皆以浅色系为主，没有任何图案或亮色点缀，灯具、电视柜、茶几都很简洁，但又有原始的工业感（图9-24）。餐厅利用黄色的柜子和绿色的餐椅，给整个室内增加活泼俏皮感，打破了空间的冰冷感（图9-25）。两个卧室仍以浅色为主色系，衣柜和灯具采用保留原始质感的木制和铁艺产品。唯一的不足之处在于，北欧风格的精髓是对木材元素的运用，这个作品中缺少的也正是对木材元素的运用（图9-26、图9-27）。

欣赏这两个作品后，读者应该对优秀作品有了一些定位，下面通过几个作品的比较，从中发现一些共性的问题。

9.3.2 作品比较

下面第一个作品属于现代中式风格，现代中式风格更多地利用了后现代手法，传统中透着现代，现代中融合古典。书房里自然少不了书柜、书案及文房四宝。

（1）如图9-28所示，客厅家具的摆放不对称，吊顶上的射灯与现代中式风格的主灯形成鲜明的反差，失去了简约、朴素的特点。再看地中海风格的作品，装饰风格突出，格调统一，家具摆放有序，划分空间合理，家具、窗帘、灯具色调统一、和谐。通过对比可以发现，该作品只体现了现代中式风格的一些表面因素，但没抓住精髓，同时，也没有通过选材和陈设摆放等形式将现代中式风体现出来。

如图9-29所示，在卧室中只是在墙面上挂了两个壁灯，并没有其他软装。蓝色的灯带与整体风格不搭配，床品颜色单一，没有体现家的温馨。反观地中海风格的卧室，其装饰风格突出，壁布与家纺的颜色图案活泼可爱，富有浪漫气息，衣柜和房门的选材与设计符合地中海风格，欧式风格的床、柜显得高贵典雅。

图9-28

图9-29

（2）如图9-30～图9-32所示，客厅的陈设过多，杂乱无章，茶几、灯具样式复杂，不符合简约风格的特点。蓝色的点缀过于跳跃，有些喧宾夺主，客厅和书房的风格反差较大，不统一。北欧风格的客厅整体色调简约大气，冷色系凸显北欧气息，家具风格统一，简洁大方，装饰画打破了冰冷感，是画龙点睛之笔。

图9-30

图 9-31

图 9-32

本作品的卧室颜色过于丰富，既不符合现代简约风格的特点，也影响客户的睡眠质量，家具陈设无序且不实用；而北欧风格的卧室配色温和家具陈设合理有序。

9.3.3　问题小结

通过对不同作品的对比，可以发现以下三个共性问题。

（1）风格不统一。在设计过程中，往往出现客厅具有一种风格，卧室具有另一种风格，书房具有第三种风格的情况，整个室内空间没有统一的风格。

（2）陈设不合理。家具陈设不合理，与室内色系不协调，小而杂的零碎物品过多。

（3）色系不协调。室内出现很多过于鲜亮的装饰画或家纺用品，与周围环境不协调。

任务实施

完成软装设计案例与学生作品的思维导图。

学习评价

"个人自评打分表"见附录 2。

"学生互评打分表"见附录 3。

"小组间互评打分表"见附录 4。

"教师评分表"见附录 5。

附　录

附录 1　学生任务分配表

班级		组号		指导教师	
组长		学号			

组员	姓名	学号	姓名	学号

任务分工

附录 2　个人自评打分表

班级			日期	年　月　日
评价指标	评价内容		分数	分数评定
信息检索	能否有效利用网络、图书资源、工作手册查找有用的相关信息；能否用自己的语言有条理地解释、表述所学知识；能否将查到的信息有效地传递到工作中		10分	
工作感知	是否熟悉工作岗位，认同工作价值；在工作中是否能获得满足感		10分	
参与态度	能否积极主动地参与工作，吃苦耐劳，崇尚劳动光荣、技能宝贵的观念；与教师、同学之间能否相互尊重、理解、保持平等；与教师、同学之间能否保持多向、丰富、适宜的信息交流		10分	
	能否使探究式学习、自主式学习不流于形式，处理好合作学习和独立思考的关系，做到有效学习；能否提出有意义的问题或发表个人见解；能否按要求正确操作；能否倾听别人的意见，协作共享		10分	
学习方法	学习方法是否得体，有无工作计划；操作是否符合规范要求；能否按要求正确操作；是否获得了进一步学习的能力		10分	
工作过程	能否遵守管理规程，操作过程是否符合现场管理要求；平时上课的出勤情况和每天完成工作任务情况如何；是否善于多角度分析问题，能否主动发现、提出有价值的问题		15分	
思维态度	能否发现问题、提出问题、分析问题、解决问题，具有创新意识		10分	
自评反馈	能否按时按质完成工作任务；能否较好地掌握专业知识点；能否具有较强的信息分析能力和理解能力；能否具有较为全面、严谨的思维能力并条理清楚、明晰地表达成文		25分	
有益的经验和做法				
总结反馈建议				

附录 3 学生互评打分表

班级		被评人组名		日期	年　月　日
评价指标	评价内容			分数	分数评定
信息检索	能否有效利用网络、图书资源、工作手册查找有用的相关信息			5 分	
	能否用自己的语言有条理地解释、表述所学知识			5 分	
	能否将查到的信息有效地传递到工作中			5 分	
工作感知	是否熟悉工作岗位，认同工作价值			5 分	
	成员在工作中能否获得满足感			5 分	
参与态度	与教师、同学之间能否相互尊重、理解、保持平等			5 分	
	与教师、同学之间能否保持多向、丰富、适宜的信息交流			5 分	
	能否处理好合作学习和独立思考的关系，做到有效学习			5 分	
	能否提出有意义的问题或发表个人见解；能否按要求正确操作；能否倾听别人的意见，协作共享			5 分	
	能否积极参与，在产品加工过程中不断学习，使综合运用信息技术的能力得到提高			5 分	
学习方法	工作计划、操作过程是否符合现场管理要求			5 分	
	是否获得了进一步发展的能力			5 分	
工作过程	能否遵守管理规程，操作过程是否符合现场管理要求			5 分	
	平时上课的出勤情况和每天完成工作任务情况如何			5 分	
	能否制作出合格产品，并善于多角度分析问题；能否主动发现、提出有价值的问题			15 分	
思维态度	能否发现问题、提出问题、分析问题、解决问题，具有创新意识			5 分	
自评反馈	能否严肃认真地对待自评，并独立完成自测试题			10 分	
简要评述					

附录4 小组间互评打分表

班级		被评组名		日期	年 月 日
评价指标		评价内容		分数	分数评定
信息 检索		该成员组能否有效利用网络、图书资源、工作手册查找有用的相关信息		5分	
		该组成员能否用自己的语言有条理地解释、表述所学知识		5分	
		该组成员能否将查到的信息有效地传递到工作中		5分	
工作 感知		该组成员是否熟悉工作岗位，认同工作价值		5分	
		该组成员在工作中能否获得满足感		5分	
参与 态度		该组成员与教师、同学之间能否相互尊重、理解、保持平等		5分	
		该组成员与教师、同学之间能否保持多向、丰富、适宜的信息交流		5分	
		该组成员能否处理好合作学习和独立思考的关系，做到有效学习		5分	
		该组成员能否提出有意义的问题或发表个人见解；能否按要求正确操作；能否倾听别人的意见，协作共享		5分	
		该组成员能否积极参与，在产品加工过程中不断学习，使综合运用信息技术的能力得到提高		5分	
学习 方法		该组的工作计划、操作过程是否符合现场管理要求		5分	
		该组成员是否获得了进一步发展的能力		5分	
工作 过程		该组成员能否遵守管理规程，操作过程是否符合现场管理要求		5分	
		该组成员平时上课的出勤情况和每天完成工作任务情况如何		5分	
		该组成员能否制作出合格产品，并善于多角度分析问题；能否主动发现、提出有价值的问题		15分	
思维 态度		该组成员能否发现问题、提出问题、分析问题、解决问题，具有创新意识		5分	
自评 反馈		该组成员能否严肃认真地对待自评，并能独立完成自测试题		10分	
简要评述					

附录 5　教师评分表

班级		学生姓名		日期	年　月　日
评价指标	评价内容			分数	分数评定
信息 检索	该组成员能否有效利用网络、图书资源、工作手册查找有用的相关信息			5分	
	该组成员能否用自己的语言有条理地解释、表述所学知识			5分	
	该组成员能否将查到的信息有效地传递到工作中			5分	
工作 感知	该组成员能否熟悉工作岗位，认同工作价值			5分	
	该组成员在工作中能否获得满足感			5分	
参与 态度	该组成员与教师、同学之间是否相互尊重、理解、保持平等			5分	
	该组成员与教师、同学之间能否保持多向、丰富、适宜的信息交流			5分	
	该组成员能否处理好合作学习和独立思考的关系，做到有效学习			5分	
	该组成员能否提出有意义的问题或发表个人见解；能否按要求正确操作；能否倾听别人的意见，协作共享			5分	
	该组成员能否积极参与，在产品加工过程中不断学习，使综合运用信息技术的能力得到提高			5分	
学习 方法	该组的工作计划、操作过程是否符合现场管理要求			5分	
	该组成员是否获得了进一步发展的能力			5分	
工作 过程	该组成员能否遵守管理规程，操作过程是否符合现场管理要求			5分	
	该组成员平时上课的出勤情况和每天完成工作任务情况如何			5分	
	该组成员能否加工出合格工件，并善于多角度分析问题；能否主动发现、提出有价值的问题			15分	
思维 态度	该组成员能否发现问题、提出问题、分析问题、解决问题，具有创新意识			5分	
自评 反馈	该组成员能否严肃认真地对待自评，并能独立完成自测试题			10分	
简要评述					

参 考 文 献

［1］简名敏.软装设计师手册［M］.南京：凤凰出版传媒集团，江苏人民出版社，2011.

［2］严建中.软装设计教程［M］.南京：江苏人民出版社，2013.

［3］吴宗敏.软装实战指南［M］.2版.武汉：华中科技大学出版社，2017.

［4］张昕婕，PROCO普洛可色彩美学社.家居配色手册［M］.南京：江苏凤凰科学技术出版社，2021.

［5］康海飞.家具设计资料图集［M］.上海：上海科学技术出版社，2008.

［6］［德］伊拉莎白·伯考.软装布艺搭配手册［M］.童城，译.南京：江苏凤凰科学技术出版社，2014.

［7］［英］温迪·贝克.窗饰设计百科［M］.刘俊玲，吕萌萌，冷雪昌，译.南京：江苏凤凰科学技术出版社，2016.

［8］赵慧蕊.陈设中国［M］.武汉：华中科技大学出版社，2015.

［9］夏然.国际软装典范［M］.南京：江苏科学技术出版社，2015.

［10］吴宗敏.软装实战指南［M］.2版.武汉：华中科技大学出版社，2017.